Lernfeld Personalwirtschaft – Arbeitsheft

Inhaltsverzeichnis

Vorwort zur 4. Auflage

Unser Konzept zum handlungsorientierten Lernen stützt sich auf langjährige praktische Erfahrungen im Umgang mit den vorgelegten Materialien im Unterricht.

Die Arbeitshefte sind so konzipiert, dass sie auch unabhängig von den anderen Arbeitsheften der Reihe „Handlungsorientiertes Lernen mit der Interrad GmbH" verwendet werden können. Alle Arbeitshefte enthalten daher auf dem ersten Blick eine ähnliche Einführung, die sich allerdings bei genauerem Hinsehen auf das jeweilige Lernfeld bezieht.

Zur Konzeption der Arbeitshefte

Mit dem Konzept „Interrad GmbH" versuchen wir Sachverhalte der kaufmännischen Kernfächer Betriebswirtschaftslehre, Datenverarbeitung, Schriftverkehr sowie in Ansätzen Rechnungswesen handlungsorientiert und praxisnah in einem Handlungszusammenhang zu vermitteln.

Die Arbeitshefte basieren zwar auf Lernbüromaterialien, sind aber so konstruiert, dass sie einerseits zur Vorbereitung auf das Lernbüro, andererseits aber auch im traditionellen Wirtschaftslehreunterricht eingesetzt werden können. Damit wird Rücksicht genommen auf die Lehrkräfte, denen ein Lernbüro nicht zur Verfügung steht, die aber einen praxisnahen und handlungsorientierten Unterricht anbieten wollen.

Als weitere Arbeitshefte zum handlungsorientierten Lernen mit der Interrad GmbH liegen vor: Materialwirtschaft, Marketing und Auftragsbearbeitung.

Zur Arbeitstechnik

Für die Schüler/-innen ist es wichtig, Eingangssituation und Leitfragen vollständig zu verstehen. Wir haben uns bemüht die Arbeitsmaterialien schülergerecht aufzubereiten. Trotzdem kann es je nach Leistungsfähigkeit und Kenntnisstand der Lerngruppe erforderlich sein, Hilfe zu geben (Fachbegriffe, Zusammenhänge müssen evtl. nachgefragt werden). Die Lernenden sollten sich daher angewöhnen, die Materialien aufmerksam durchzuarbeiten. Die entsprechende Arbeitstechnik (Textanalyse, sinnentnehmendes Lesen) ist wesentliche Voraussetzung, wenn weitgehend selbstständig die Leitfragen erarbeitet werden sollen. Genauere Hinweise finden sich dazu im Lehrerhandbuch.

Das Modellunternehmen

Im Mittelpunkt aller Arbeitsbücher steht das Modellunternehmen „Interrad GmbH", ein Industrieunternehmen, das neben einer Produktionsplanung vor allem alle üblichen Abteilungen eines Handelsunternehmens aufweist. Das Produkt Fahrrad hat sich dabei als schülerbezogen und -aktivierend erwiesen. Die Konzeption beruht auf einem durchgängigen und stimmigen Datenkranz. Alle Daten sind aufeinander bezogen, sodass die Lernenden immer die Zusammenhänge im Arbeitsablauf wieder erkennen und reflektieren können. Ein solch stimmiger Datenkranz verlangt allerdings didaktische Einschränkungen, damit die Übersichtlichkeit nicht leidet. So ist z. B. die Anzahl der Fahrradteile beschränkt und es werden Baugruppen zur Montage der Fahrräder verwendet.

Lehrerhandbücher

Ergänzende Hinweise zur Didaktik und Methodik geben die Lehrerhandbücher. In ihnen finden sich auch die Lösungsvorschläge, wobei in einigen Situationen mehrere Lösungen möglich sind, sodass die Lernenden auch über Lösungsstrategien nachdenken müssen.

Formularsätze

Für die einzelnen Lernprojekte werden Formularsätze angeboten. Die Formulare sind praxisgerecht aufbereitet und veranschaulichen die wirklichkeitsnahe Konzeption. Sie verstärken die Motivation der Schüler/-innen. Mit dem Kauf erwerben Sie ein Kopierrecht.

Handbücher zum Lernbüro (Module 1 bis 3), CD zum Handbuch

In diesen Handbüchern zum Aufbau eines Lernbüros wird ausführlich dargestellt, wie ein Lernbüro zu errichten ist, wie die alltägliche Arbeit gesichert wird, wie ein sinnvoller Ablauf geregelt ist, wie die Außenkontakte zu steuern sind, wie die EDV eingebunden werden kann, wie die gesamte Organisation gehandhabt wird. Beispiele mit Lösungen sowie didaktisch-methodische Erläuterungen erleichtern den Einstieg in den Aufbau oder die Durchführung der Lernbürotätigkeit. Der stimmige Datenkranz garantiert eine für alle Abteilungen zusammenhängende Arbeitsstruktur.

Wahlweise können Sie ein Gesamtpaket oder einzelne Module des Handbuchs erwerben:

- Modul 1: Logistik und Produktionsplanung
- Modul 2: Absatz und Marketing
- Modul 3: Personalwesen

Allen Modulen ist eine CD-ROM-Version mit den zum Lernbüro zugehörigen Arbeitsmaterialien beigefügt.

Die CD des Handbuchs sowie die Disketten zu den Arbeitsheften in WINWORD- und EXCEL-Versionen ermöglichen eine einfache computergestützte Bearbeitung kaufmännischer Aufgaben. Mithilfe der Dateien können die Formulare, Lieferanten-, Kunden-, Preis- und Artikellisten sowie Ablaufbeschreibungen so verändert werden, dass sie den unterrichtlichen und aktuellen Gegebenheiten (Ort, Zeit) angepasst sind.

Warum „Lernfeld Personalwirtschaft"?

Mit den „Handreichungen für die Erarbeitung von Rahmenlehrplänen der Kultusministerkonferenz (KMK) für den berufsbezogenen Unterricht in der Berufsschule" wurde ein Paradigmenwechsel von der Ausrichtung der Rahmenlehrpläne nach Lerngebieten zur Ausrichtung nach Lernfeldern und damit der Übergang zu einer prozess- und handlungsorientierten Unterrichtsform vollzogen. Vorgabe für die Entwicklung eines KMK-Rahmenlehrplans ist die Handlungsorientierung.

Die KMK beschließt für den berufsbezogenen Unterricht in der Berufsschule Rahmenlehrpläne, die mit den jeweiligen Ausbildungsordnungen abgestimmt sind. Die Bundesländer übernehmen die Rahmenlehrpläne unmittelbar oder setzen sie nach landesspezifischen Kriterien in eigene Lehrpläne um. Für Berufsfach- schulen können die Bundesländer ohne KMK-Vorgaben eigenständige Lehrpläne entwickeln. Neu zu konzi- pierende bzw. zu reformierende Bildungsgänge in der vollschulischen Berufsausbildung werden die Lernfeldstruktur der KMK weitestgehend übernehmen und den berufsbezogenen Lernbereich in thematisch zusammengefasste Lernfelder gliedern.

Die bisherigen Lerngebiete wurden unter fachdidaktischen Aspekten gebildet und nach Lernzielen und Lerninhalten gegliedert. Dagegen handelt es sich bei Lernfeldern um thematische Einheiten, die durch Zielformulierungen und Inhaltsangaben beschrieben werden und sich an konkreten beruflichen Aufgaben- stellungen und Handlungsabläufen orientieren. Auf der Grundlage der Lernfelder werden für den Unterricht Lernsituationen entwickelt. In ihnen werden Fachinhalte in einen Anwendungszusammenhang gebracht. Dieses Vorgehen entspricht unserem Konzept.

Zu Beginn des Reformprozesses, der mit der Diskussion um die Schlüsselqualifikationen begann, lag allerdings der Begriff „Lernfeld" noch nicht vor. Es gab jedoch in der Entwicklung lerntheoretische Erkenntnisse, didaktische Intentionen mit entsprechenden Lernkonzepten, die bereits inhaltlich dem Lernfeldansatz entsprachen.

In unserer Arbeitsheftreihe mit der Erstauflage 1995 hatten wir bewusst im Titel den Begriff „Handlungs- orientiertes Lernen" aufgenommen. Unser Konzept „Handlungsorientiertes Lernen mit der Interrad GmbH" basierte auf den oben erläuterten didaktischen Grundlagen des Lernfeldansatzes: Handlungsorientierter Unterricht gilt denn auch als didaktisches Konzept, das fach- und handlungssystematische Strukturen miteinander verknüpft.

Bremen, Februar 2007   Die Verfasser

                    3223 Abraham/Nemeth/Schalk, Interrad GmbH – Lernfeld Personalwirtschaft

Liebe Schülerinnen und Schüler,

vielleicht kennen Sie schon andere Arbeitshefte aus der Reihe mit dem Modellunternehmen Interrad GmbH. Vor Ihnen liegt nun das Arbeitsheft „Lernfeld Personalwirtschaft". Auch diesmal können Sie handlungsorientiert wirtschaftliche Inhalte kennen lernen und Aufgaben lösen.

Das Arbeitsheft ist in verschiedene Themenbereiche gegliedert. Jeder Themenbereich enthält einen Arbeitsbogen, die Arbeitsunterlagen und Anlagen.

Der einzelne Arbeitsbogen ist stets wie folgt aufgebaut:

1. Situation: Hier werden die Ausgangslage und das zu lösende Problem vorgestellt.

2. Arbeitsauftrag: Diese beginnen jeweils mit den praktischen Aufgaben – Ausfüllen von Formularen, Entwerfen und Schreiben von Briefen, Lösen von Problemen, Kontrolle von Arbeitsblättern. Schließlich folgen die eher theoretischen Fragen, die Sie dann auf Grundlage Ihrer praktischen Arbeit und mithilfe ergänzender Unterlagen lösen können. Das meinen wir mit Handlungsorientierung.

3. Arbeitsunterlagen / Anlagen: Hinweise auf die erforderlichen Anlagen mit Seitenangaben.

Folgenden Hinweis müssen Sie beim Arbeiten mit den Anlagen beachten:

* Anlagen bzw. Arbeitsunterlagen, die bereits in früheren Themenbereichen vorliegen.

** Arbeitsunterlagen, die zusätzlich beschafft werden müssen, z. B. Anzeigenpreisliste örtlicher Tageszeitungen (S. 49).

Einige Anlagen finden Sie im Anhang; darauf werden Sie natürlich hingewiesen.

Im Idealfall können Sie die Aufgaben selbstständig lösen, das setzt allerdings eine bestimmte Arbeitstechnik voraus. Eingangssituation und Leitfragen müssen Sie vollständig verstanden haben. Arbeiten Sie daher die Materialien aufmerksam durch, markieren Sie z. B. unbekannte Begriffe, versehen Sie die Texte mit Anmerkungen. Wenn Unklarheiten bestehen, sollten diese im Klassengespräch oder mit der Lehrkraft geklärt werden.

Im Mittelpunkt Ihrer Arbeit steht das Modellunternehmen „Interrad GmbH". Die Interrad GmbH ist ein Industrieunternehmen, das Fahrräder montiert und auch verkauft (genauere Informationen erhalten Sie in den ersten beiden Arbeitsbogen). Leider existiert dieses Unternehmen in der Wirklichkeit nicht, aber wir haben uns sehr bemüht realitätsgerechte Materialien zu verwenden.

Mit diesem Arbeitsheft erhalten Sie einen wirklichkeitsnahen Einblick in die Aufgaben der Auftragsbearbeitung und Sie erarbeiten zugleich die theoretischen Grundlagen dieses Lernfeldes.

Wir wünschen Ihnen viel Erfolg!

4. Auflage, 2007
© Bildungshaus Schulbuchverlage
Westermann Schroedel Diesterweg
Schöningh Winklers GmbH
Postfach 33 20, 38023 Braunschweig
Telefon: 01805 996696 Fax: 0531 708-664
service@winklers.de
www.winklers.de
Druck: westermann druck GmbH, Braunschweig
ISBN: 978-3-8045-**3223**-6

Situation

Die Interrad GmbH ist ein überregional bekanntes Unternehmen, das Fahrräder herstellt und verkauft. In einer großen Regionalzeitung sucht die Interrad GmbH nach weiteren Arbeitskräften.

Arbeitsauftrag

1. Beantworten Sie die folgenden Fragen anhand der Zeitungsanzeigen.

   a) Aus welchen Gründen sucht die Interrad GmbH Arbeitskräfte?

   b) Welchen Zweck verfolgt die Interrad GmbH mit der Überschrift ihrer Anzeige: „Wir schaffen Arbeitsplätze!"

   c) Wie unterscheiden sich die Anzeigen der Interrad GmbH für die drei angebotenen Berufe (Größe, Inhalt)? Geben Sie eine Begründung für diese Unterschiede.

   d) Welche Informationen über das Unternehmen Interrad GmbH können Sie aus der Anzeige entnehmen?

2. Einige Bewerber/-innen für die Ausbildungsplätze haben sich Materialien über die Interrad GmbH besorgt: das Informationsblatt sowie ein Organigramm über den Abteilungsaufbau der Interrad GmbH.

   Beantworten Sie anhand des Informationsblattes die folgenden Fragen:

   a) Warum haben sich die Bewerber/-innen die Materialien besorgt?

   b) Welche drei Fahrradtypen stellt die Interrad GmbH her?

   c) Wie viel Prozent der Mitarbeiterinnen und Mitarbeiter werden im kaufmännischen Bereich beschäftigt?

   d) Wie setzt sich der Kundenstamm zusammen?

   e) Woher bezieht die Interrad GmbH ihre Rohstoffe und Fremdbauteile?

   f) Welchen Vorteil verspricht sich die Interrad GmbH davon, die meisten Fahrradteile als Fremdbauteile von Markenherstellern zu beziehen und nur Gabeln und Rahmen selbst herzustellen?

3. Das Informationsblatt der Interrad GmbH erhalten Kunden und Besucher. Begründen Sie, welchen weiteren Zweck dieses Blatt neben der sachlichen Information erfüllen soll. Nennen Sie dazu Beispiele.

4. Aus dem Organigramm ersehen Sie, dass der Geschäftsleitung zwei Stabsabteilungen zugeordnet sind – Sekretariat und Organisation/Statistik. Auf der ersten Ebene gibt es 5 Hauptabteilungen, denen verschiedene Abteilungen untergeordnet sind.

   a) In welchen Hauptabteilungen bzw. Abteilungen werden die in der Anzeige gesuchten Arbeitskräfte arbeiten?

   b) Der/die gesuchte Leiter/-in der Organisation und DV soll eine Stabsabteilung leiten und der Geschäftsleitung zuarbeiten.

      Welche Rechte hat der Leiter einer Stabsabteilung gegenüber anderen Abteilungen, z. B. gegenüber der Hauptabteilung Logistik, zu der die Abteilungen Einkauf und Materiallager gehören?

   c) Welcher Hauptabteilung ist die Abteilung „Personalabteilung" untergeordnet?

   d) Begründen Sie, in welcher Hauptabteilung bzw. in welchem Bereich die meisten Mitarbeiter/-innen bei der Interrad GmbH beschäftigt werden.

   e) Überlegen Sie mindestens drei Aufgaben, die eine Personalabteilung in einem Industriebetrieb wie die Interrad GmbH zu erfüllen hat.

Anlagen/Arbeitsunterlagen

Stellenanzeige der Interrad GmbH
Informationsblatt der Interrad GmbH
Organigramm der Interrad GmbH

Wir schaffen Arbeitsplätze!

Sie kennen die Interrad GmbH als erfolgreiches mittelständisches Unternehmen mit mehr als 110 Mitarbeitern. Unser jährlicher Umsatz beträgt mehr als 50 Millionen €. Unsere Arbeit steht für Qualität und Vertrauen. Unsere Fahrräder sind Spitzenprodukte, die sich auch in wirtschaftlich ungünstigen Zeiten behaupten. Wir expandieren und weiten unsere Fahrradproduktion aus. Die Interrad GmbH sucht daher

8 Zweiradmechaniker/-innen

Unsere Erwartungen: Abgeschlossene Ausbildung als Zweiradmechaniker, mindestens drei Jahre Berufserfahrung, Zuverlässigkeit und die Bereitschaft, in einem Team mitzuarbeiten.

Wir bieten: Bezahlung nach Tarif, sicheren Arbeitsplatz, gutes Betriebsklima.

Weiter suchen wir zum 1. August

3 Auszubildende als Industriekaufleute

Voraussetzung: Abschluss der Höheren Handelsschule, Fachoberschule oder Abitur.

Wenn Sie an einer guten Ausbildung interessiert sind, wenn Sie bereit sind etwas zu leisten, wenn Sie zuverlässig und teamfähig sind, wenn Sie selbstständig arbeiten können und wenn Ihr Zeugnis stimmt, dann sind Sie bei uns richtig.

Bewerbungen mit vollständigen Unterlagen an die **Interrad GmbH, Walliser Straße 125, 28325 Bremen.**

Reinigungskräfte gesucht!

Wir bieten Teilzeitarbeitskräften eine einträgliche Beschäftigung. Bewerbungen bitte an

Cleaning Service GmbH

Chiffre: WK 329

Hotel Landgut Oberneuland

Wir suchen zur Verstärkung unseres Teams eine

RESTAURANT-/HOTELFACHFRAU

Bewerbungen: Chiffre WK 820

**Eine Herausforderung für die Besten!
Wir suchen einen/eine**

LEITER/-IN

Organisation und DV

Ihr Profil:

- Studium der Betriebswirtschaftslehre mit breitbandiger kaufmännischer Berufserfahrung aus vergleichbaren Verantwortungsbereichen eines Produktionsunternehmens.

- Sie vereinen solide Fachkenntnisse und intensive Erfahrung bei Datenverarbeitungs- und Organisationsfragestellungen. Kommunikationsstärke, klare Gliederung komplexer Sachverhalte, analytisches Denken und Einsatzbereitschaft sind wichtige Fähigkeiten.

- Sie erweisen sich als eine mittelständisch orientierte Führungskraft mit klarem Blick für das Wesentliche und Machbare.

Ihre Aufgabe:

- Entwicklung der Organisation zur Verbesserung der Arbeitsabläufe sowie Weiterentwicklung der DV und Statistik. Sie berichten direkt der Geschäftsleitung, sind verantwortlich für den Bereich Organisation/Statistik.

Wenn Sie diese herausfordernde Tätigkeit in einem überschaubaren Umfeld und in einem intakten Unternehmen reizt, dann senden Sie bitte Ihre vollständigen Bewerbungsunterlagen unter der **Kennziffer 2323 G** an unser Unternehmen:

Interrad GmbH, Walliser Straße 125, 28325 Bremen.

Für telefonische Vorabinformationen stehen Ihnen Frau Britta Uhlig und Herr Axel Handke (0421 421047) zur Verfügung. Absolute Vertraulichkeit wird garantiert.

**Fahrrad
des Jahres**

Individualität – Exklusivität – Qualität

und

umweltgerechte Verarbeitung

**In der Fahrradbranche und bei den Kunden sind das
Begriffe, die fest mit dem Namen**

verbunden sind.

3223 Abraham/Nemeth/Schalk, Interrad GmbH – Lernfeld Personalwirtschaft

Interrad GmbH – erfolgreich mit Qualität

Die **Interrad GmbH** ist ein mittelständisches Industrieunternehmen mit Sitz in Bremen. 1952 gründeten Wolfgang Peters und Karl Bertram das Einzelhandelsgeschäft Hansa-Rad, Peters & Bertram OHG. Zunächst beschränkte sich die Firmenpolitik auf die Reparatur und den Verkauf von Fahrrädern.

Fundierte technische Kenntnisse und sensibles Empfinden für die Kundenwünsche führten 1968 zu dem Entschluss, Fahrräder selbst zu produzieren. Die **Interrad GmbH** wurde gegründet.

Bewusst wurde das Sortiment zunächst auf zwei Grundtypen mit unterschiedlicher Ausstattung beschränkt: das Stadtrad und das Rennrad. Erst in den letzten Jahren wurde die Produktion auf die Herstellung von Mountainbikes erweitert.

Aus den bescheidenen Anfängen mit zunächst 8 Beschäftigten hat sich bis heute ein erfolgreiches Unternehmen mit zurzeit 117 Mitarbeiterinnen und Mitarbeitern entwickelt, von denen 85 unmittelbar in der Produktion beschäftigt sind.

Unser Produktionsprogramm umfasst heute:

Fahrradtyp	Ausführung	Version
Typ 1 – Stadtrad:	Herren-Stadtrad	7- und 24-Gang-Schaltung
	Damen-Stadtrad	7- und 24-Gang-Schaltung
Typ 2 – Mountainbike:	Herren-Mountainbike	21- und 27-Gang-Schaltung
	Damen-Mountainbike	21- und 27-Gang-Schaltung
Typ 3 – Rennrad:	Rennrad	18- und 27-Gang-Schaltung

Verändertes Freizeitverhalten, sich langsam änderndes Umweltbewusstsein und die Verkehrsentwicklung auf den zunehmend überfüllten Straßen führten auf dem Fahrradmarkt einerseits zu einem Herstellungsboom, aber auch zu verstärkter Konkurrenz billigerer Massenprodukte.

Fahrrad des Jahres

Dagegen bekräftigte die **Interrad GmbH** ihren Entschluss, an ihrem eigenen Weg zur Herstellung und zum Vertrieb der Fahrräder festzuhalten. Hochwertige und umweltgerechte Qualität sowie individuelles Design wurden so zu einem Markenzeichen unseres Unternehmens. Bewusst wurde also auf ein begrenztes Marktsegment gesetzt.

Diese Firmenphilosophie begründet auch die erfolgreiche Stellung der **Interrad GmbH** auf dem Fahrradmarkt. Unsere Fahrräder werden in der gesamten Bundesrepublik Deutschland nachgefragt, sind aber trotzdem kein Massenprodukt.

Dementsprechend verfügt unser Unternehmen heute über einen z. T. schon seit Jahren festen Kundenstamm im Fachhandel, der Wert auf Interrad-Image legt. So gehören gerade auch viele der „alternativen Fahrradläden" zu unseren Kunden. Zurzeit bilden im Wesentlichen 90 Fahrradhändler, davon 18 in den neuen Bundesländern, unseren Kundenstamm, die zum Teil weitere Einzelhändler versorgen, sodass wir mittlerweile ein nahezu vollständiges Händlernetz in der gesamten Bundesrepublik Deutschland erreichen. Dazu gehören zwei Großabnehmer für den skandinavischen Markt, die auch dort für die Verbreitung des guten Rufs unseres Unternehmens sorgen. Kundenorientierung und Kundenpflege – bei uns keine Schlagworte, wir praktizieren sie: Einwandfreie und pünktliche Lieferung, ständiger Kontakt, Hilfen beim Marketing für unsere Produkte garantieren eine vertrauensvolle Zusammenarbeit und langfristige Bindung.

Unser erfolgreicher Weg ist aber auch ein Ergebnis sorgfältiger Einkaufspolitik. Die erforderlichen Fremdbauteile und Rohstoffe für unsere Produktion beziehen wir hauptsächlich von sechzehn inländischen und zwei ausländischen Lieferanten, deren Namen für Wertarbeit bürgen. Auch hier hat sich die jahrelange Kooperation bewährt.

Während also die meisten Teile des Fahrrades von entsprechenden Markenherstellern bezogen werden, hat sich die **Interrad GmbH** bewusst dazu entschieden, Rahmen und Gabeln in eigener Produktion herzustellen, um mit hochwertigen Rohstoffen und zweckgerichtetem Design Interrad-Qualität zu garantieren. Die Montage der Fahrräder erfolgt dann durch spezialisierte Fachkräfte in der Reihenfolge der erforderlichen Arbeiten in der so genannten Werkstattfertigung.

Individualität, Exklusivität, Qualität und umweltgerechte Verarbeitung – in der Fahrradbranche und bei den Kunden sind dies Begriffe, die fest mit dem Namen **Interrad GmbH** verbunden sind.

Interrad GmbH – erfolgreich mit Qualität

Interrad GmbH, Walliser Straße 125, 28325 Bremen
Telefon: 0421 421047
Telefax: 0421 421048

E-Mail: info@interrad.de
Internet: www.interrad.de
USt-IdNr. DE 285 355 325

Interrad GmbH

3223 Abraham/Nemeth/Schalk, Interrad GmbH – Lernfeld Personalwirtschaft

Situation

Die Interrad GmbH hat in den letzten Monaten eine starke Nachfrage ihrer Fahrräder zu verzeichnen. Im Rahmen der regelmäßig stattfindenden Konferenzen des Managements der Interrad GmbH soll deshalb über eine Kapazitätserweiterung diskutiert werden. An der geplanten Sitzung nehmen die Geschäftsführerin Frau Woldt sowie die Leiter/-innen der Hauptabteilungen Allgemeine Verwaltung, Rechnungswesen, Logistik, Absatz und Produktion teil. Von der Personalabteilung sollen einige Unterlagen über die Personalsituation zusammengestellt werden.

Arbeitsauftrag

1. Welche Fragen müssen bei einer möglichen Erweiterung der Kapazitäten angesprochen werden?

2. Stellen Sie mithilfe des Stellenplans einen Personalbedarfsplan (ohne Auszubildende) der Interrad GmbH auf. Der Personalbedarfsplan soll aufzeigen, wie viel Mitarbeiter/-innen am 31. Dezember in den Hauptabteilungen und Stabsstellen zur Verfügung stehen.

   a) Ermitteln Sie zunächst den Personalbestand am 20..-04-01. Beachten Sie dabei die zurzeit Abwesenden Personen.

   b) Ermitteln Sie die Anzahl der Mitarbeiter/-innen, die durch Kündigungen, Pensionierungen, Mutterschutz/Elternzeit und Bundeswehr/Zivildienst bis zum 31. Dezember als Abgänge ausscheiden.

   c) Ermitteln Sie die Anzahl der Mitarbeiter/-innen, die durch Rückkehr aus der Elternzeit, von der Bundeswehr/Zivildienst und durch Neueinstellungen bis zum 31. Dezember als Zugänge aufgenommen werden.

   d) Errechnen Sie die Zahlen für die Gesamtbelegschaft und den entsprechenden prozentualen Anteilen mit einer Kommastelle.

   e) Erstellen Sie mithilfe eines Tabellenkalkulationsprogramms am PC ein Stabdiagramm für die Abteilungen der Interrad GmbH.

3. Erläutern Sie den Unterschied zwischen quantitativer und qualitativer Personalplanung.

4. Von der Personalbedarfsplanung bis zur Einstellung eines neuen Mitarbeiters sind zahlreiche Tätigkeiten zu erledigen. Tragen Sie die folgenden Vorgänge in das Ablaufschema (1 – 7) auf der nächsten Seite ein.

   Vorstellungsgespräch • Stellenbildung • Stellenanzeige • Eignungstest •

   Personalbedarfsplanung • Innerbetriebliche Stellenausschreibung •

   Auswertung der Bewerbungsunterlagen • Abschluss des Arbeitsvertrages

Von der Bedarfsplanung bis zur Einstellung

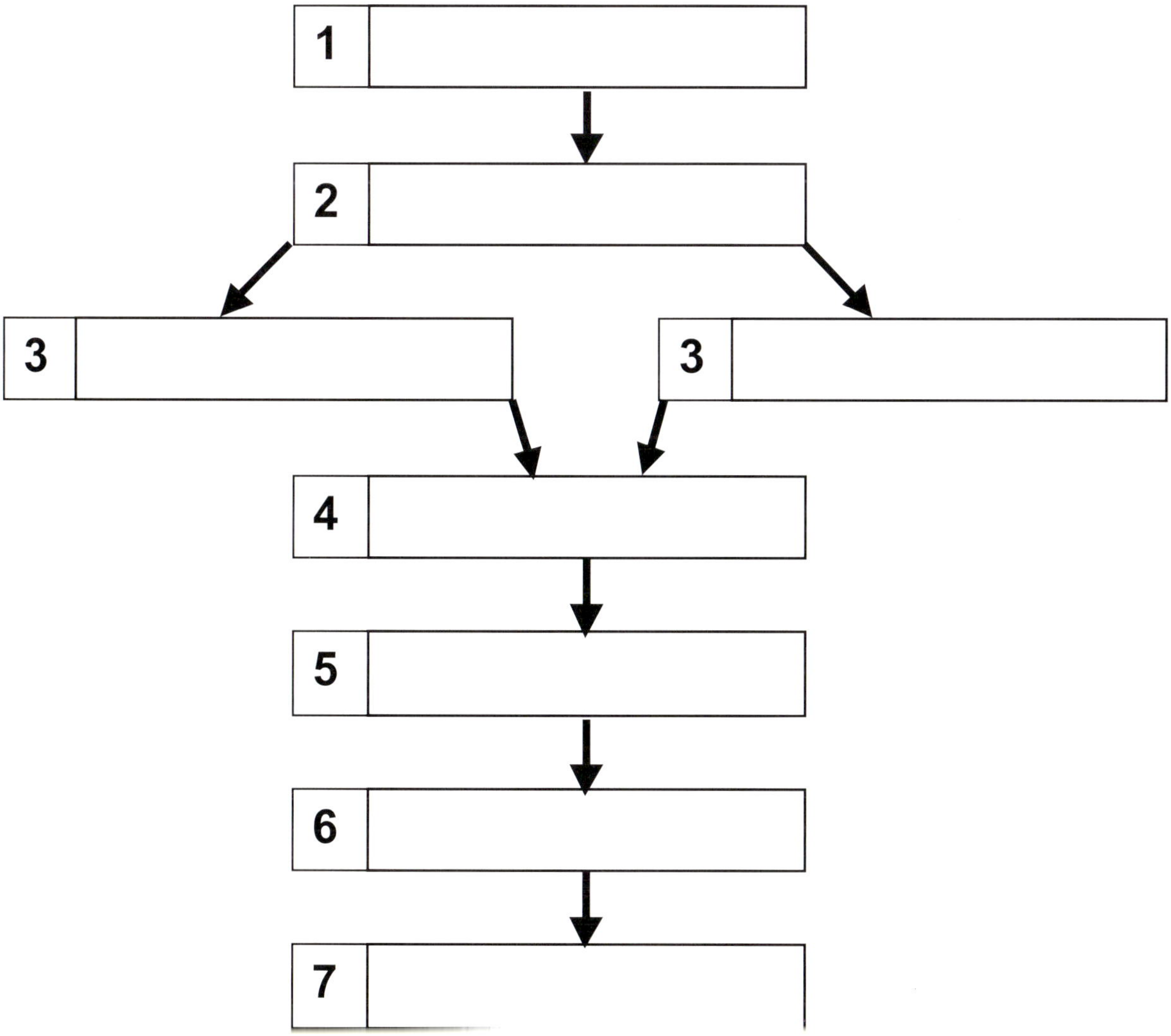

1	

2	

3	

3	

4	

5	

6	

7	

Anlagen/Arbeitsunterlagen

Stellenplan 1 – 4
Personalbedarfsplan

---

1 Stellenplan der Interrad GmbH

Stand: 1. April 20..

Hauptabteilung/ Abteilung	Planstellen	Stelleninhaber/-in	Bemerkungen
Stabsabteilung	Sekretariat	Siegert, Petra	
	Organisation und Statistik	Koontz, Robert	
Allg. Verwaltung	Leitung	Handke, Axel	
Personalabteilung:	Personalsachbearbeiter	Bremer, Wolfgang	
	Personalsachbearbeiter/-in		Neubesetzung zum ..-09-01
	Lohn-/Gehaltsbuchhalterin	Jonek, Andrea	
	Lohn-/Gehaltsbuchhalterin	Yavus, Naziye	
	Textverarbeitung	Uhlig, Britta	
Poststelle:	Postverwalter	Kober, Matthias	
Rechnungswesen	Leitung	Gehrmann, Christa	
Finanzbuchhaltung:	Finanzbuchhalterin	Black, Diana	
	Finanzbuchhalter	Borowski, Holger	
	Finanzbuchhalterin	Meyer, Veronika	Kündigung zum ..-12-01
	Finanzbuchhalter/-in		Neubesetzung zum ..-09-01
Zahlungsverkehr:	Büroangestellter	Liebau, Bernd	Pensionierung zum ..-10-16
Controlling:	Bilanzbuchhalter	Czuba, Norbert	
Logistik	Leitung	Martens, Marlies	
Einkauf:	Logistik-Sachbearbeiterin	Forsberg, Britt	
	Logistik-Sachbearbeiter	Mesche, Klaus	
	Logistik-Sachbearbeiterin	Kamp, Gisela	
	Logistik-Sachbearbeiter/-in		Neubesetzung zum ..-06-01
Materiallager:	Lagerverwalter	Runheim, Frank	
	Lagerist	Fricke, Michael	
	Lagerist	Yilmaz, Erhan	
Absatz	Leitung	Hahn, Martin	
Verkaufsdisposition:	Disponent	Buchholz, Jens	
	Disponent	Engel, Heinz	
	Disponentin	Fuhrmann, Regina	
	Disponentin	Keller, Wiebke	
	Disponent/-in		Neubesetzung zum ..-08-01
Auslieferungslager:	Lagerist	Grüter, Jens	
	Lageristin	Luhnau, Marianne	Mutterschutz zum ..-09-16
Marketing:	Marketing-Leiterin	Bond, Verena	
	Marketing-Sachbearbeiterin	Richter, Jessica	

2 Stellenplan der Interrad GmbH

Stand: 1. April 20..

Hauptabteilung/ Abteilung	Planstellen	Stelleninhaber/-in	Bemerkungen
Produktion	Leitung	Aykoc, Kaya	
Produktionsplanung:	Disponent	Klee, Thomas	
	Disponentin	Wolff, Brigitte	
Fahrradmontage:	Meister	Balke, Christoffer	
	Wartungsmechaniker	Cordes, Heiko	
	Wartungsmechaniker	Maurer, Malte	
	Gabelstaplerfahrer	Goeschel, Kai	
	Gabelstaplerfahrerin	Stork, Karin	
	Lagerist	Mehring, Peter	
	Lagerist	Weber, Uwe	
	Zweiradmechaniker	Batistella, Kai-Oliver	
	Zweiradmechaniker	Bauer, Stefan	
	Zweiradmechanikerin	Beier, Heidrun	
	Zweiradmechaniker	Bertram, Holger	Kündigung zum ..-06-30
	Zweiradmechanikerin	Beuchard, Ilka	
	Zweiradmechaniker	Bicer, Cemal	
	Zweiradmechanikerin	Dettmers, Yvonne	
	Zweiradmechanikerin	Dunkhorst, Jutta	
	Zweiradmechaniker	Ellmers, Rüdiger	
	Zweiradmechaniker	Fahrenholz, Jürgen	
	Zweiradmechaniker	Grimm, Volker	
	Zweiradmechanikerin	Gundlach, Marina	Mutterschutz zum ..-11-25
	Zweiradmechanikerin	Hartmann, Renate	
	Zweiradmechaniker	Jankowski, Joachim	Pensionierung zum ..-06-15
	Zweiradmechanikerin	Klappholz, Viola	
	Zweiradmechaniker	Kramer, Frank	
	Zweiradmechaniker	Kurpiela, Franz	
	Zweiradmechanikerin	Lampke, Veronika	
	Zweiradmechaniker	Lohmann, Gregor	Zivildienst zum ..-10-01
	Zweiradmechanikerin	Luka, Petra	
	Zweiradmechaniker	Meier, Ralf	
	Zweiradmechaniker	Meier, Jürgen	Rückkehr Bundeswehr: ..-09-01
	Zweiradmechanikerin	Mittag, Elke	
	Zweiradmechaniker	Neubauer, Tobias	
	Zweiradmechaniker	Nolet, Andreas	
	Zweiradmechaniker	Ordu, Serkan	
	Zweiradmechanikerin	Ortlip, Hildegard	
	Zweiradmechaniker	Opitz, Manfred	
	Zweiradmechaniker	Pfeiffer, Dirk	

Hauptabteilung/ Abteilung	Planstellen	Stelleninhaber/-in	Bemerkungen
Fahrradmontage:	Zweiradmechaniker	Filz, Andreas	
	Zweiradmechanikerin	Flate, Roswitha	
	Zweiradmechanikerin	Feißig, Gisela	
	Zweiradmechaniker	Fode, Jürgen	
	Zweiradmechanikerin	Fosmalen, Maria	
	Zweiradmechaniker	Sameian, Ali	
	Zweiradmechaniker	Sarikalfa, Bekir	
	Zweiradmechaniker	Schikowski, Klaus	
	Zweiradmechanikerin	Schilling, Sonja	
	Zweiradmechaniker	Schmidt, Uwe	Elternzeit ab ..-05-12
	Zweiradmechanikerin	Schröder, Simone	
	Zweiradmechanikerin	Schwarz, Agnes	
	Zweiradmechanikerin	Schwier, Johanna	
	Zweiradmechaniker	Sievert, Olaf	
	Zweiradmechanikerin	Slaimi, Regina	
	Zweiradmechanikerin	Sommer, Elke	
	Zweiradmechaniker	Stoll, Artur	Rückkehr Zivildienst: ..-10-01
	Zweiradmechaniker	Tantzen, Murat	
	Zweiradmechanikerin	Tuglaci, Ayla	
	Zweiradmechaniker	Uhlig, Roland	Kündigung zum ..-09-30
	Zweiradmechaniker	Utanir, Hasan	
	Zweiradmechaniker n	Vogt, Yvonne	
	Zweiradmechaniker	Wagner, Boris	
	Zweiradmechaniker	Weiß, Herbert	
	Zweiradmechaniker/-in		Neubesetzung zum ..-05-01
	Zweiradmechaniker/-in		Neubesetzung zum ..-08-01
	Zweiradmechaniker/-in		Neubesetzung zum ..-09-01
	Zweiradmechaniker/-in		Neubesetzung zum ..-11-01

Hauptabteilung/ Abteilung	Planstellen	Stelleninhaber/-in	Bemerkungen
Rahmenfertigung:	Meister	Koslowski, Ewald	
	Wartungsmechaniker	Hoppe, Bodo	Kündigung zum ..-11-30
	Gabelstaplerfahrer	Ersan, Hüseyin	
	Lagerist	Janßen, Ole	
	Industriemechaniker	Aleite, Karsten	
	Industriemechaniker	Brünjes, Oswald	
	Industriemechaniker	Celtikci, Emre	
	Industriemechaniker	Esser, Harry	
	Industriemechaniker	Fuchs, Volker	
	Industriemechaniker	Grünert, Jens	Kündigung zum .05-15
	Industriemechaniker	Güler, Sami	
	Industriemechaniker	Hollermann, Jürgen	
	Industriemechaniker	Kurtz, Gottlieb	
	Industriemechaniker	Lukas, Henry	
	Industriemechaniker	Meyer, Peter	
	Industriemechaniker	Niemeier, Heiner	Rückkehr Bundeswehr: ..07-01
	Industriemechaniker	Prescher, Horst	
	Industriemechaniker	Prewotzny, Uwe	
	Industriemechaniker	Rüger, Frank	
	Industriemechaniker	Sarim, Abdul	
	Industriemechaniker	Schimanski, Siegfried	
	Industriemechaniker	Schnieder, Jan	
	Industriemechaniker	Sgarra, Pedro	
	Industriemechaniker	Tiemann, Dirk	
	Industriemechaniker	Zielinski, Axel	
	Industriemechaniker/-in		Neubesetzung zum ..-06-01
	Industriemechaniker/-in		Neubesetzung zum ..-09-01
Auszubildende:	Industriemechanikerin	Dohrmann, Vera	
	Zweiradmechanikerin	Friese, Karin	
	Industriekauffrau	Gehrmann, Nina	
	Zweiradmechanikerin	Müller, Maike	
	Industriemechaniker	Radtke, Holger	
	Industriekaufmann	Steinbach, Rudi	

Personalbedarfsplan der Interrad GmbH

Hauptabteilungen ➤	Stabsstellen	Allg. Verw.	Rewe	Logistik	Absatz	Produktion	Gesamtbelegschaft	
Mitarbeiter/-innen ➤	Anzahl	Anzahl	Anzahl	Anzahl	Anzahl	Anzahl	Anzahl	%
Personalbestand: 20..-04-01								
Abgänge:								
– Kündigung								
– Pensionierung								
– Mutterschutz/Elternzeit								
– Bundeswehr/Zivildienst								
Gesamtsumme der Abgänge								
Zugänge:								
+ Neueinstellungen bis 20..-12-31								
+ Rückkehr Elternzeit								
+ Rückkehr Bundeswehr/Zivildienst								
Gesamtsumme der Zugänge								
= **Personalbestand: 20..-12-31**								
+ **Geplante Neueinstellungen**								
= **Geplanter Personalbestand**								

Situation

Nach Auswertung des Personalbestands zum 31. Dezember und der Diskussion in der Managementkonferenz der Interrad GmbH kommen die Teilnehmer zu der Einschätzung, dass eine Erweiterung der Produktion mit dem vorhandenen Personal nicht erfolgen kann. Es wird beschlossen, ab 1. Januar des nächsten Jahres die Produktion um 190 Fahrräder wöchentlich zu erhöhen. Bisher wurden durchschnittlich an fünf Arbeitstagen in der Woche (37,5 Stunden) 1 000 Fahrräder an 22 Werkstationen hergestellt. Um die Kapazitätserhöhung durchführen zu können, müssen zusätzlich Zweirad- und Industriemechaniker eingestellt werden.

Arbeitsauftrag

1. Berechnen Sie mithilfe des Formulars „Ermittlung der Produktionskapazitäten" die Anzahl der erforderlichen Neueinstellungen für die Abteilung Fertigung / Montage, wenn – wie geplant – in der Woche 90 Stadtträder und 100 Rennräder mehr produziert werden sollen. Beziehen Sie sich dabei auf die Basisdaten auf dem Formular. Die Kapazitätserhöhung führt zunächst zu keinen weiteren Personalanpassungen in den anderen Abteilungen.

2. Ergänzen Sie den Personalbedarfsplan durch die geplanten Neueinstellungen für die Produktion und ermitteln Sie den geplanten Personalbestand.

3. Bereiten Sie alle Ergebnisse in einem Arbeitsbericht so auf, dass Sie der Geschäftsleitung in einem zusammenhängenden Vortrag die Personalplanung darstellen können.

Anlagen/Arbeitsunterlagen

Personalbedarfsplan* – Seite 16
Formular „Ermittlung der Produktionskapazitäten"

Ermittlung der Produktionskapazitäten

Fahrradmontage

Stückzahl der Fahrrad-montage bei:	Montage: Stadtrad				Montage: Rennrad			
	Station 23	Station 24		Gesamt	Station 25	Station 26		Gesamt
1 Arbeitstag (450 Minuten)								
1 Arbeitswoche								
Erforderliche Mechaniker								

Rahmenfertigung

Stückzahl der Rahmen-fertigung bei:	Fertigung: Stadtradrahmen			Gesamt	Fertigung: Rennradrahmen			Gesamt
1 Arbeitstag (450 Minuten)								
1 Arbeitswoche								
Erforderliche Mechaniker		für 45 Stück →				für 25 Stück →		
Erforderliche Mechaniker		für 90 Stück →				für 100 Stück →		

Basisdaten

1 Fahrradmontage je Station:	2 Zweiradmechaniker	1 Rahmenfertigung:	1 Industriemechaniker
Montagezeit je Stadtrad:	50 Minuten	Produktionszeit je Stadtradrahmen:	50 Minuten
Montagezeit je MTB:	60 Minuten	Produktionszeit je MTB-Rahmen:	75 Minuten
Montagezeit je Rennrad:	45 Minuten	Produktionszeit je Rennradrahmen:	90 Minuten
Arbeitszeit:	450 Min. pro Arbeitstag	Arbeitszeit:	450 Min. pro Arbeitstag
Arbeitstage:	5 Tage pro Arbeitswoche	Arbeitstage:	5 Tage pro Arbeitswoche

3223 Abraham/Nemeth/Schalk, Interrad GmbH – Lernfeld Personalwirtschaft

Situation

Auf die Anzeige der Interrad GmbH mit Ausbildungsplatzangeboten für Industriekaufleute haben sich wesentlich mehr Schüler/-innen beworben, als eingestellt werden sollen. Zu den Bewerbern gehören neben Melanie Hartmann u. a. auch Sie. Als Hilfe steht Ihnen dabei ein Ratgeber zur Verfügung, das „Vademekum für Ausbildungsplatzsuchende". Diesen Ratgeber hat die Schülervertretung einer Berufsfachschule erstellt.

Einige Bewerber/-innen haben bereits einen Bewerbungsbogen erhalten.

Arbeitsauftrag

1. Beantworten Sie die folgenden Fragen u. a. mithilfe der Stellenanzeige.

   a) Welche Ansprüche stellt die Interrad GmbH in ihrer Anzeige an die Auszubildenden? Wie beurteilen Sie diese Ansprüche?

   b) In der Anzeige wird eine Bewerbung mit vollständigen Unterlagen verlangt. Welche Unterlagen sind gemeint?

   c) Die Zahl der Bewerber/-innen ist wesentlich größer als die Zahl der angebotenen Ausbildungsplätze. Worauf führen Sie das zurück?

2. a) Untersuchen Sie das Bewerbungsschreiben und den Lebenslauf der Melanie Hartmann auf

   – sprachliche Richtigkeit,

   – inhaltliche Mängel und mögliche Probleme.

   b) Begründen Sie auf Grundlage der vorliegenden Bewerbungsunterlagen, ob Sie Melanie Hartmann zu einem Einstellungstest bzw. zu einem Vorstellungsgespräch einladen würden.

   c) Welche Zeugnisleistungen werden Ihrer Meinung nach besonders berücksichtigt?

   d) Welchen Stellenwert hat Ihres Erachtens das Schulzeugnis bei der Auswahl der zukünftigen Auszubildenden?

3. Sie gehören zu den Bewerbern. Formulieren Sie ein Bewerbungsschreiben und einen tabellarischen Lebenslauf.

4. Füllen Sie den Bewerbungsbogen mit Ihren eigenen Daten aus.

5. a) Dieser Bewerbungsbogen wird vor dem Test und dem Vorstellungsgespräch zuge-
   schickt und liegt später den Leitern des Gesprächs vor. Welchen Zweck hat der Bo-
   gen für die Gesprächsleiter?

   b) Welches Interesse verfolgt die Interrad GmbH mit den Fragen 9 und 10?

   c) Am Ende des Bewerbungsbogens wird darauf hingewiesen, dass eine wissentlich falsche Auskunft zur Entlassung führen kann. Weshalb wird diese Formulierung beigefügt?

6. Früher enthielt der Bewerbungsbogen der Interrad GmbH auch die Frage nach einer
   bestehenden Schwangerschaft. Seit einigen Jahren verzichten die Betriebe auf diese Frage. Geben Sie eine Begründung für dieses Vorgehen. Beachten Sie dabei die Bezeichnung des Ausbildungsberufes in der Zeitungsanzeige.

7. Welche Ratschläge werden im Punkt 2 des Vademekums zur Handhabung der Bewerbungsunterlagen genannt?

8. Diskutieren Sie in Ihrer Klasse über die Aussage im Punkt 3 des Vademekums.

Anlagen/Arbeitsunterlagen

Stellenanzeige der Interrad GmbH* – Seite 7
Bewerbungsschreiben einer Schülerin
Lebenslauf einer Schülerin
Zeugnis einer Schülerin
Bewerbungsbogen der Interrad GmbH
Vademekum für Ausbildungsplatzsuchende

Melanie Hartmann
Apfelallee 33
28355 Bremen
Tel. 0421 256125

Interrad GmbH
Walliser Straße 125

28325 Bremen

Bewerbung als Industriekauffrau

Sehr geehrte Damen und Herren,

im Weser-Kurier vom 24. Oktober suchen Sie Auszubildende für den Beruf einer Industriekauffrau. Weil mich dieser Beruf sehr interessiert, bewerbe ich mich in Ihrer Firma um einen Ausbildungsplatz.

Zurzeit besuche ich Zweijährige Höhere Handelsschule am Schulzentrum Bremen-Ost, die ich am Schuljahresende mit der Prüfung abschließen werde. Besonders die kaufmännischen Fächer wie Betriebswirtschaftslehre, Rechnungswesen bringen mir – ebenso wie die Datenverarbeitung – sehr viel Spaß. Im Lernbüro unserer Schule habe ich auch bereits erste Einblicke in den Arbeitsablauf eines Industriebetriebes bekommen. Zudem habe ich in Ihrem Betrieb ein Praktikum absolviert, bei dem man mit meinen Leistungen sehr zufrieden gewesen ist.

Meinen Lebenslauf mit Lichtbild und eine Kopie des letzten Zeugnisses füge ich bei.

Über eine Einladung zu einem Vorstellungsgespräch würde ich mich sehr freuen.

Mit freundlichen Grüßen

Melanie Hartmann
Apfelallee 33
28355 Bremen

Lebenslauf

Persönliche Angaben

Name:	Melanie Hartmann
Geburtsort:	Bremen
Staatsangehörigkeit:	deutsch

Schulausbildung:

August 1995 – Juli 1999
Grundschule Philipp-Reis-Straße

August 1999 – Juli 2001
Orientierungsstufe Schulzentrum Rockwinkel

August 2001 – Juli 2005
Realschule Schulzentrum Rockwinkel

August 2005 – voraussichtlich Juni 2007
Zweijährige Höhere Handelsschule am
Schulzentrum Bremen-Ost

Besondere Kenntnisse:

EDV-Grundkenntnisse aus der Schule
Beste Fächer: Bürowirtschaft / Lernbüro und Sport

Hobbys:

Musik hören
Computerspiele

Bremen, 27. Oktober 20..

Melanie Hartmann

3223 Abraham/Nemeth/Schalk, Interrad GmbH – Lernfeld Personalwirtschaft

Zeugnis

Schuljahr 2004/05   ☐ Zwischenzeugnis   ☒ Jahreszeugnis

Frau Melanie Hartmann   geb. am   5. Mai 1988

besucht die kaufmännische Berufsfachschule, Bildungsgang **Zweijährige Höhere Handelsschule,**

Klasse 2 HH 04/1.

Die Leistungen wurden wie folgt beurteilt:

Fachrichtungsübergreifender Lernbereich

Deutsch	4	Französisch/Spanisch	4
Politik	2	Mathematik	3
Sport	2	Naturwissenschaften	2
Englisch	4		

Fachrichtungsbezogener Lernbereich

Betriebswirtschaftslehre	3	Textverarbeitung	4
Rechnungswesen	3	Datenverarbeitung/ Organisationslehre	3
Bürowirtschaft/Lernbüro	3		

Wahlpflichtbereich

Grafik & Design	2	____________________

Bemerkungen: **Fehlstunden im Schuljahr:** 12 , **davon entschuldigt:** 12

☐ Versetzung gefährdet
☒ versetzt
☐ nicht versetzt

Im Auftrag

Bremen, 2005-06-30

R. Wittmann

Klassenlehrerin/Klassenlehrer

Notenstufen: 1 = sehr gut   2 = gut   3 = befriedigend   4 = ausreichend   5 = mangelhaft   6 = ungenügend
Erläuterungen: tg = teilgenommen

BEWERBUNGSBOGEN

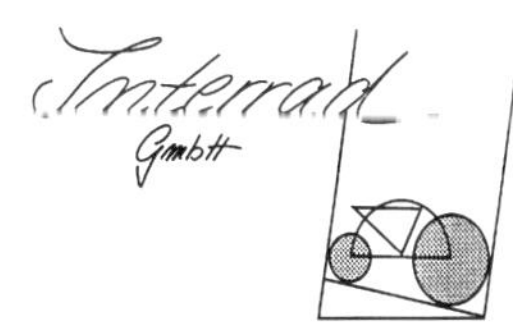

Ich bewerbe mich um die Einstellung als: ....

I. Angaben zur Person

Name: .... Vorname: ....

Geburtsname: .... Telefon: ....

Wohnort: .... Straße: ....

Geburtstag: .... Geburtsort: ....

Staatsangehörigkeit: .... Religion: ....

Bei Ausländern: Seit wann befinden Sie sich in Deutschland: ....

Aufenthaltserlaubnis gültig bis: ....

Arbeitserlaubnis gültig bis: ....

Bei minderjährigen Arbeitnehmer/-innen: Name und Anschrift der gesetzlichen Vertreter:

....

....

II. Persönliche Angaben des Bewerbers/der Bewerberin

1. Sind Sie anerkannte/r Schwerbehinderte/r oder Gleichgestellte/r?..............................

   ggf. Grad der Behinderung: ....

2. Wehrdienst/Zivildienst von .... bis ....

   Einberufung wird erwartet zum: ....

3. Leiden Sie an chronischen oder ansteckenden Erkrankungen? ....

4. Bei welcher Krankenkasse sind Sie versichert? ....

5. Sind Sie mit einer Einstellungsuntersuchung einverstanden?
   (nur für über 18-Jährige)? ....

6. Welche Hobbys betreiben Sie? ....

7. Welches ist Ihr Lieblingsfach in der Schule? ....

BEWERBUNGSBOGEN – SEITE 2

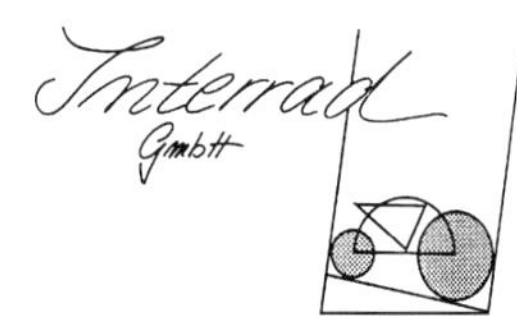

8. Mit welchem Schulfach hatten Sie Schwierigkeiten? ....

9. Warum haben Sie sich für diesen Ausbildungsberuf entschieden? ....

....

10. Warum haben Sie sich für unser Unternehmen entschieden? ....

....

....

11. Haben Sie sich bei anderen Firmen beworben? ....

Wenn ja, für welche Ausbildung? ....

12. Hatten Sie bereits eine Ausbildung begonnen? ....

Wenn ja, welcher Art? ....

Warum haben Sie diese Ausbildung abgebrochen? ....

....

13. Zuletzt besuchte Schule? ....

Schulabschluss? ....

14. Angaben zum schulischen Werdegang:

SCHULSTUFE	NAME der SCHULE	von – bis

Ich versichere die obigen Angaben wahrheitsgemäß gemacht zu haben. Mir ist bekannt, dass im Falle einer unwahren Angabe oder des Verschweigens wesentlicher Tatsachen der Ausbildungsvertrag gekündigt werden kann.

Ort und Datum .... Unterschrift Auszubildende/r ....

Ort und Datum .... Unterschrift der gesetzlichen Vertreter ....

  3223 Abraham/Nemeth/Schalk, Interrad GmbH – Lernfeld Personalwirtschaft

VADEMEKUM FÜR AUSBILDUNGSPLATZSUCHENDE

Es ist ätzend, aber leider wahr: Die Ausbildungsplätze bleiben rar! Wir von der Schülervertretung haben deshalb in Zusammenarbeit mit unseren BWL-Lehrern einen Ratgeber für euch entwickelt. Er enthält die Erfahrungen früherer Schulabgänger und Ratschläge von Arbeitgebern, die wir befragt haben. Vielleicht hilft es euch. Also denn ...

Bewerbungsschreiben und Lebenslauf

1. Benutzt Hilfen bei Bewerbungsschreiben und beim Lebenslauf. Es gibt genügend Vorlagen. Bei uns könnt ihr auch welche bekommen. Aber – je individueller die Bewerbung, desto eher erfolgreich.

2. Sorgt für saubere Bewerbungsunterlagen, knickt nicht die Unterlagen (Eselsohren scheiden gleich aus), nehmt A4-Briefumschläge, Klarsichthüllen nerven nur (bei der Menge, die auszupacken sind).

3. Eine Ablehnung ist noch kein Beinbruch. Wir müssen leider mit vielen Bewerbungen rechnen. Siehe auch 16.

Einstellungstest

4. Hurra, du wirst zum Test geladen. Immerhin, doch noch ist nichts gewonnen. Bleib ruhig, Angst macht dumm! Aber: Du kannst nur gewinnen. Wer aber unter starken Prüfungsängsten leidet, sollte dies der Testleitung zuvor mitteilen. Am Tage vorher ausschlafen, Alk und Ähnliches sind tabu. Keine Medikamente zum Aufputschen!

5. Informiere dich über die aktuelle Politik. Sieh dir mal Tagesschau oder andere Nachrichtensendungen an. Lies für einige Zeit wenigstens mal die Überschriften auf der Seite 1 eurer Tageszeitung.

6. Es gibt gute Testknacker. Zwar zeigen sie nicht die Fragen deines Tests, aber du lernst die Art der Tests kennen.

7. Immer wieder dabei: Grundtechniken wie Rechtschreibung und einfachere Mathematik (Dreisatz, Prozent und so).

8. Alle Aufgaben schafft fast keiner. Wichtiger ist es, Aufgaben richtig zu lösen. Bleib deshalb nicht an einer Aufgabe hängen. Falls du noch am Schluss Zeit hast, kannst du dich dieser Aufgabe immer noch zuwenden.

9. Bei Multiplechoiceaufgaben immer ankreuzen, auch wenn du die Antwort nicht weißt. Es bleibt eine Chance.

10. Mache dir nach dem Test Notizen: Wonach wurde gefragt, was wusstest du, was nicht?

Bewerbungsgespräch

11. Doppeltes Hurra, du bist in der Endausscheidung, du erhältst eine Einladung zum Bewerbungsgespräch. Bereite dich auf das Vorstellungsgespräch gut vor! Dazu gehören z. B. Informationen über den Betrieb. Diese erhältst du bei großen Unternehmen u. a. durch Geschäftsberichte, Werbematerial (z. B. den Pförtner fragen). Lehrer, Handelskammer und das Arbeitsamt können vielleicht auch helfen.

12. Kleide dich angemessen. Lass deine Jeans oder ähnliche Klamotten zu Hause, deine Treter sollten geputzt und keine Turnschuhe sein. Hut ab, also ohne Käppi.

13. Erscheine rechtzeitig! Vorher den Weg kennen lernen ➡ 3.03 heißt 3. Stock, Zimmer 03.

14. Verhalte dich angemessen. Laber nicht rum, antworte ruhig, freundlich und ehrlich. Zeige Interesse. Gut machen sich eigene Fragen zur Ausbildung und zum Betrieb. Ganz schlecht kommt die Frage nach dem ersten Urlaub.

15. Nicht zulässige Fragen freundlich umgehen oder zurückweisen. Nicht zulässig sind z. B. Fragen nach Partei oder Gewerkschaftszugehörigkeit. Nur sehr eingeschränkt möglich sind Fragen nach Religion, Vorstrafe, Krankheit und Schwangerschaft, nämlich nur dann, wenn sie für den Beruf eine Rolle spielen.

16. Auf den Stress eines Interviews oder auch eines Tests kannst du dich mental wie Sportcracks vorbereiten. Stelle dir immer wieder die Situation vor, wie du dich im Gespräch verhalten willst usw. Man kann also auch diese Situation geistig trainieren, mentales Training hilft.

17. Wenn es trotz allem nicht geklappt hat, lass dich nicht hängen. Test und Bewerbungsgespräche sind nur sehr begrenzte Aussagen über dich als Person, Momentaufnahmen, die täuschen können.
Wenn du aber einen Ausbildungsplatz bekommen hast, dann – gib der Schülervertretung einen aus!

Viel Erfolg, eure Schülervertretung!

Situation

Nachdem die Interrad GmbH auf ihre Anzeige sehr viele Bewerbungen von Ausbildungs-platzsuchenden erhalten hat, ist eine erste Vorauswahl getroffen und zu einem Einstel-lungstest eingeladen worden.

Arbeitsauftrag

1. Die Interrad GmbH hat nur einige der Bewerber/-innen zu dem Eignungstest eingela-den. Welche Gesichtspunkte werden für diese erste Auswahl ausschlaggebend gewesen sein?

2. Wie kann man sich auf einen Eignungstest vorbereiten?

3. Im „Vademekum für Ausbildungsplatzsuchende" werden in den Punkten 5 bis 10 Rat-schläge zum Verhalten beim Test gegeben. Begründen Sie, ob Sie diese Hinweise für berechtigt halten.

4. Zu Beginn des Tests erläutert der Testleiter nach der Begrüßung und Feststellung der Anwesenheit kurz den Ablauf und Zweck der Tests:

   „Sie wissen, dass Sie Ihre Einwilligung zu diesem Test mit Ihrer Teilnahme gegeben ha-ben, deshalb verzichten wir auf eine schriftliche Bestätigung Ihres Einverständnisses. Als Diplom-Psychologe bin ich berechtigt diese Tests durchzuführen. Ich werde Ihre Tests auch bewerten. Bei allen Tests werde ich Ihnen sagen, welche Fähigkeiten und Merkmale getestet werden sollen, gleichfalls informiere ich Sie über Art und Umfang des Tests. Schließlich versichere ich Ihnen, Bewertungstests und Gutachten über das Test-ergebnis beziehen sich nur auf die Tätigkeit und Merkmale Ihrer zukünftigen Arbeit. Alles andere an persönlichen Ergebnissen hat uns nicht zu interessieren.
   Gutachten und Testergebnisse werden wir in Ihre Personalakte ablegen, falls Sie einge-stellt werden. Die Personalakte können Sie später auf Verlangen einsehen. Die Tests der nicht eingestellten Bewerber werden wir entsprechend den rechtlichen Vorgaben ver-nichten. Eine Zusendung wäre zwar möglich, aber darauf verzichten wir. Bevor wir jetzt endlich zum ersten Test kommen, wünsche ich Ihnen viel Erfolg ..."

   Welche Bedingungen müssen beim Test eingehalten werden?

5. Lösen Sie die beigefügten Tests.

6. Erläutern Sie, welche Tests Ihnen besonders schwer bzw. besonders leicht gefallen sind.

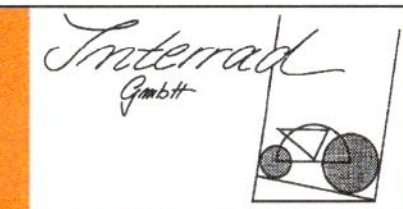

7. Auf die Frage, warum überhaupt Eignungstests, antwortete der zuständige Personalleiter:

„Mithilfe der wissenschaftlichen Methoden der Fragebogen und gut durchdachter Persönlichkeitstests werden unsachgemäße Auswahlgesichtspunkte ausgeschlossen, z. B. persönliche Vorurteile. Außerdem sind die Schulnoten nur z. T. vergleichbar und nur bedingt aussagefähig für den Ausbildungsberuf."

Testgegner meinten dagegen: „Angst macht dumm, denn große Angst vor Tests verzerrt die wahre Leistungsfähigkeit. Außerdem wird das Schulzeugnis in seiner Aussagekraft entwertet. Geprüft wird vor allem nur die Stressfähigkeit, die wirkliche spätere Arbeitsleistung kann eventuell viel besser sein. Zudem wird das Selbstwertgefühl der abgelehnten Bewerber/-innen häufig sehr stark beeinträchtigt. Oft sind vor allem die sozial Schwächeren benachteiligt, besonders wenn sie sprachlich weniger gewandt sind."

Stellen Sie die Argumente der Testbefürworter und -gegner gegenüber, nehmen Sie dazu Stellung.

8. Im Vademekum werden Sie im Punkt 10 aufgefordert, sich nach dem Test Notizen zu machen. Warum ist dieses Vorgehen sinnvoll?

Anlagen/Arbeitsunterlagen

Testbogen der Interrad GmbH, Teil 1 – 5
Vademekum für Ausbildungsplatzsuchende* – Seite 25

EINSTELLUNGSTEST

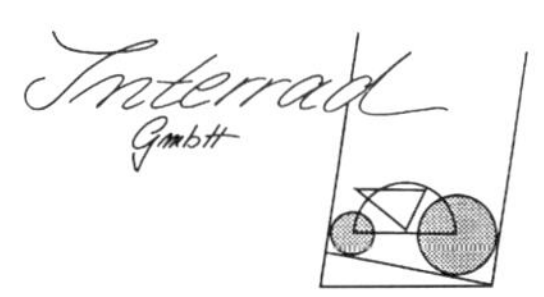

Teil 1 – Rechtschreibkenntnisse, Sprachverständnis

NAME: VORNAME: DATUM:

1. Aufgabe: Korrigieren Sie in den folgenden Wörtern die Fehler.

Zeit: 2 Minuten/je Fehler 1 Punkt Abzug von 20 Punkten

Punkte:

Rabbatt, Publikum, Gitarre, Interresse, Maschiene, Kredit, Toleranz, Branche, Funktion, Maltz, Matratze, Arzt, ergibig, herraus, foltern, forläufig, behaubten, vieleicht, garnicht, todlachen, außer, winzig, gehorsam, eklich, Manschaft, stopfen, endlich, tötlich, allso, endwürdigend

2. Aufgabe: Streichen Sie die Fehler im Text an (nur Rechtschreibung).

Zeit: 2 Minuten/je Fehler 1 Punkt Abzug von 20 Punkten

Punkte:

Wir danken Ihnen für ihre Anfrage und teilen ihnen mit, das die gewünschten Änderungen an den Fahrädern Fristgerecht innerhalb der nächsten 14 Tage durchgeführt werden können. Mehrkosten entstehen Ihnen durch diese Änderungsarbeiten nicht, alerdings lässt sich eine material bedingte verteuerung nicht umgehen. Der Preiss beträgt dann 1.350,00 € Bitte teilen Sie uns sehr balt mit, ob wir Ihnen ein neues Angebot zu senden sollen. Wir hoffen auf eine gute zusammenarbeit.

3. Aufgabe: Setzen Sie im folgenden Text die fehlenden Kommata.

Zeit: 3 Minuten/je Fehler 1 Punkt Abzug von 20 Punkten

Punkte:

Im Folgenden wird eine Reihe unerwünschter Situationen in Diskussionen benannt und beschrieben wie man sich als Diskussionsleiter verhalten könnte. In der Diskussion zeigen sich Einseitigkeiten festgefahrene Meinungen Vorurteile und Personalisierung. Der Gesprächsleiter sollte versachlichen indem er konkretisiert interpretiert Ziele herausstellt sich auf Fakten beruft und nicht nervös wird. Wenn Schwätzer und Vielredner sich in den Vordergrund drängen warten Sie bis die Gruppe die Geschwätzigkeit auch empfindet dann durch genaue Fragen zur Kürze zwingen. Gegebenenfalls begrenzen Sie die Redezeit um die Diskussion besser lenken zu können. Weisen Sie daher gleich zu Beginn auf die Rednerliste – und gegebenenfalls – auf die beschränkte Redezeit hin.

4. Aufgabe: Begründen Sie <u>stichwortartig</u>, warum Sie den Beruf der Industriekauffrau bzw. des Industriekaufmanns ergreifen wollen. Erstellen Sie eine Gliederung Ihrer Argumente. Vier Argumente reichen.

Zeit: 10 Minuten/je Argument 10 Punkte, 1 Punkt Abzug je Fehler:

(Rechtschreibung, Zeichensetzung, Grammatik usw.) Maximal 40 Punkte.

Gesamtpunktzahl Sprachverständnis: **Punkte von 100 Punkten =**   **%**

                3223 Abraham/Nemeth/Schalk, Interrad GmbH – Lernfeld Personalwirtschaft

Teil 2 – Allgemeinbildung   Seite 1

NAME: VORNAME: DATUM:

1. Aufgabe: Erklären Sie folgende Begriffe

Zeit: 3 Minuten

> **Lösung**: je richtige Antwort 2 Punkte

Fraktion = ____

Opposition = ____

Koalition = ____

Diktatur = ____

Konjunktur = ____

Gläubiger = ____

Justiz = ____

5-%-Klausel = ____

2. Aufgabe: Beantworten Sie bitte die folgenden Fragen zur Politik/Geschichte

Zeit: 3 Minuten

> **Lösung**: je richtige Antwort 1 Punkt

– Wie heißt der derzeitige   Bundespräsident?   _____________________

Bundeskanzler?   _____________________

Bundesaußenminister? _____________________

– Wann begann, wann endete der Zweite Weltkrieg? _____________________

– Wie lange regierten die Nationalsozialisten? _____________________

– Was versteht man unter der UNO? _____________________

– Wie heißt der Bürgermeister Ihrer Stadt? _____________________

– Wann war der 30-jährige Krieg? _____________________

– Wie heißt das Parlament in der Bundesrepublik Deutschland? _____________________

Allgemeinbildung, Seite 1:   Punkte

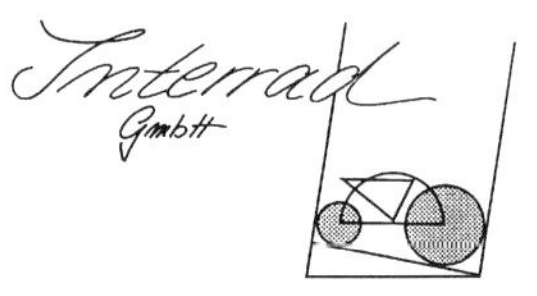

EINSTELLUNGSTEST

Teil 2 – Allgemeinbildung   **Seite 2**

NAME: VORNAME: DATUM:

3. Aufgabe: Beantworten Sie die Fragen zur Geografie (a – e)

Zeit: 5 Minuten

Lösung: je richtige Antwort 1 Punkt

a) Nennen Sie drei europäische Länder, die nicht zur Europäischen Union gehören:

____

____

b) Wie heißen die Landeshauptstädte folgender Bundesländer:

Niedersachsen: _______________   Mecklenburg-Vorpommern: _______________

Thüringen: _______________   Nordrhein-Westfalen: _______________

Schleswig-Holstein: _______________   Sachsen: _______________

Rheinland-Pfalz: _______________   Brandenburg: _______________

c) An welchem Fluss liegt:

Bremen: _______________   Hamburg: _______________

Köln: _______________   Dresden: _______________

d) Nennen Sie drei deutsche Mittelgebirge:

____

e) Wie heißen die Hauptstädte von:

Frankreich: ___________   Polen: ___________   Ägypten: ___________

Dänemark: ___________   Spanien: ___________   Schweden: ___________

Ungarn: ___________   Niederlande: ___________   USA: ___________

Allgemeinbildung, Seite 2:   Punkte

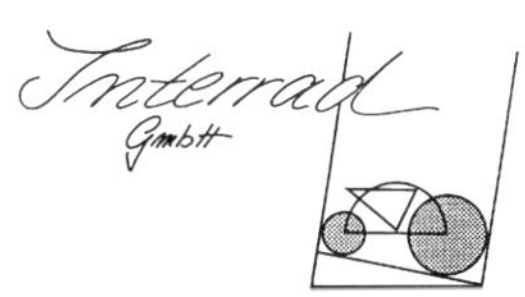

Teil 2 – Allgemeinbildung Seite 3

NAME: VORNAME: DATUM:

4. **Aufgabe**: Beantworten Sie die folgenden Fragen zur Literatur/Musik/Kunst:

Zeit: 4 Minuten

Lösung: je richtige Antwort 1 Punkt

– Wer schrieb die „Dreigroschenoper"?

– Nennen Sie ein Drama von Goethe:

– Nennen Sie einen Roman von Thomas Mann:

– Welches Buch haben Sie zuletzt gelesen?

– Welche Tageszeitung lesen Sie?

– Nennen Sie eine Oper von Mozart:

– Geben Sie an, ob es sich um Schriftsteller (S), Maler (Ma) oder Musiker (Ms) handelt.

Picasso		Dali	
Grass		Frisch	
Böll		Bach	
Dürer		Shakespeare	
Schubert		Rembrandt	
Wagner		Kafka	
Beethoven		Verdi	

Allgemeinbildung, Seite 3: Punkte

Gesamtpunktzahl Allgemeinbildung: **Punkte von 72 Punkten =** %

  3223 Abraham/Nemeth/Schalk, Interrad GmbH – Lernfeld Personalwirtschaft

EINSTELLUNGSTEST

Teil 3 – Logisches Denken, Rechenfähigkeit   Seite 1

NAME: VORNAME: DATUM:

Teil I: Logisches Denken
(Zeit: 5 Minuten)

In den Reihen mit je fünf Kästchen sind jeweils drei Figuren, die einander ähnlich sind. Zwei Figuren unterscheiden sich von den drei anderen deutlich. Finden Sie diese zwei Figuren heraus, die nicht in die Reihe passen.

Je richtige Antwort 10 Punkte.

______ **von 70 Punkten**

	a	b	c	d	e
1	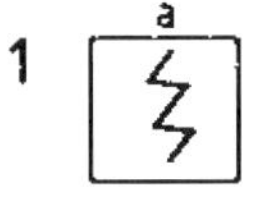		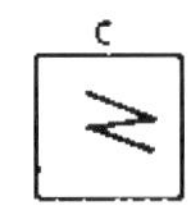	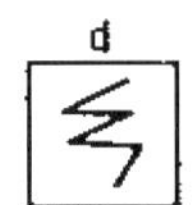	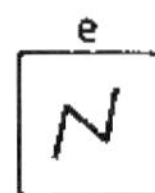
2					
3	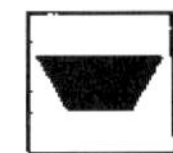	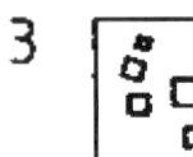			
4	X	Y	1	2	K
5					
6		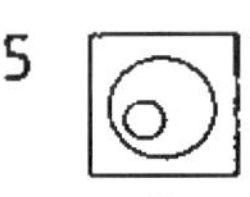	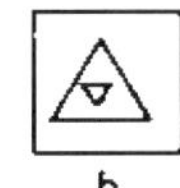	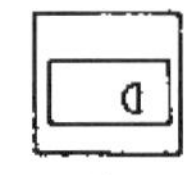	
7	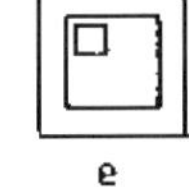	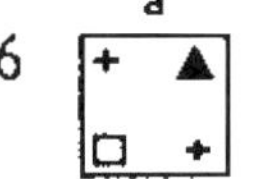	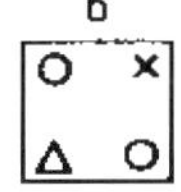	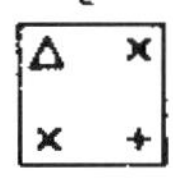	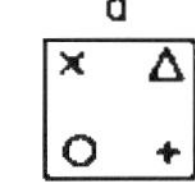

2. Aufgabe: 3 Minuten

In den Reihen sind je vier Körper (a – d) dargestellt. Links von der Reihe ist einer dieser Körper aufgeklappt.

Suchen Sie den zugehörigen Körper.

Je richtige Antwort 10 Punkte.

______ **von 30 Punkten**

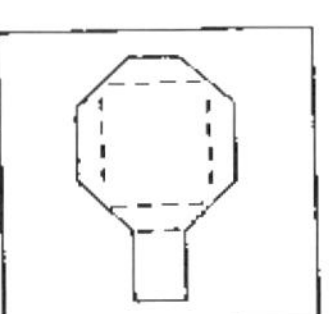
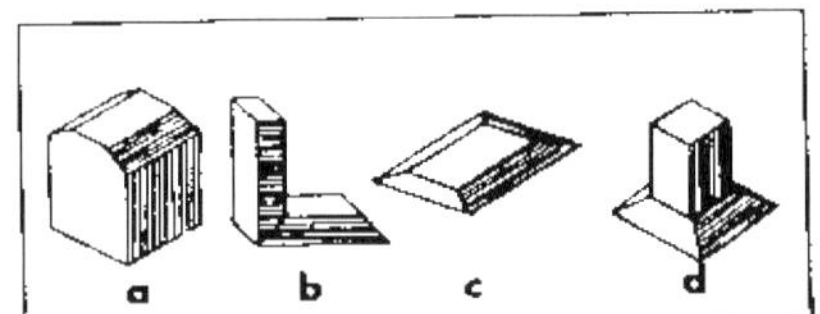

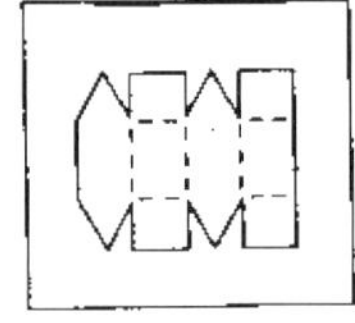
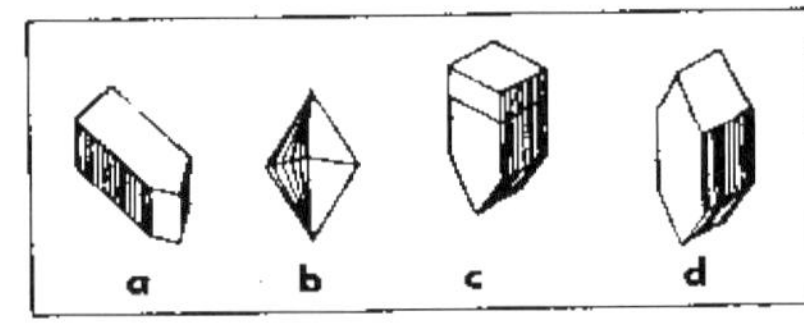

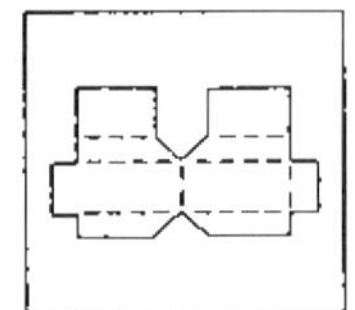
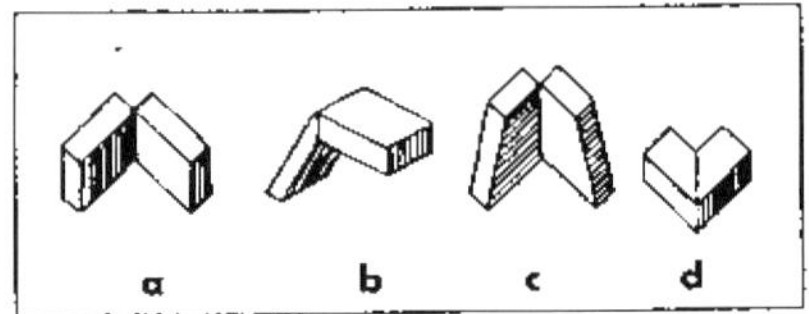

Gesamtpunktzahl Logisches Denken:	**Punkte von 100 Punkten = %**

     3223 Abraham/Nemeth/Schalk, Interrad GmbH – Lernfeld Personalwirtschaft

NAME: VORNAME: DATUM:

Teil II: Rechenfähigkeit – Zeit 12 Minuten

1. Aufgabe: Wie viel Prozent sind 25,00 € von 400,00 €?

Lösung: 5 Punkte

2. Aufgabe: Wie viel Zinsen erhalten Sie, wenn Sie 3.000,00 € zu 4,5 % für 150 Tage anlegen?

Lösung: 5 Punkte

3. Aufgabe: 3 Arbeiter brauchen zum Beladen bestimmter Waren 6 Stunden. Wie lange brauchen 5 Arbeiter für die gleiche Warenmenge?

Lösung: 5 Punkte

4. Aufgabe: 82,5 : 5 =   75,7 − 13,3 − 4,52 =   2,36 • 4,1=

Lösung: je 2 Punkte, gesamt 6 P.

5. Aufgabe: Forme in Brüche um: 0,3 =   0,37 =   0,02 =

Lösung: je 2 Punkte, gesamt 6 P.

6. Aufgabe: Forme die Brüche in eine Dezimalzahl um: 2/5 =   4/8 =   5/4 =

Lösung: je 2 Punkte, gesamt 6 P.

7. Aufgabe: 2/4 • 3/5 −   7/4 : 3/8 =   2/5 + 4/3 + 5/6 =   4/5 − 3/8 − 1/4 −

Lösung: je 2 Punkte, gesamt 8 P.

Lösung: je 1 Punkt, gesamt 9 P.

8. Aufgabe: Forme die folgenden Maße um

2,35 m =	cm	17 345 m =	km	1 675 g =	kg
1, 56 t =	kg	1,28 m =	mm	217 l =	hl
356 cm^2 =	m^2	3,54 m^3 =	cm^3	1 456 cm =	dm

Gesamtpunktzahl Rechenfähigkeit: **Punkte von 50 Punkten =**   %

Teil 4 – Konzentrationsfähigkeit   Seite 1

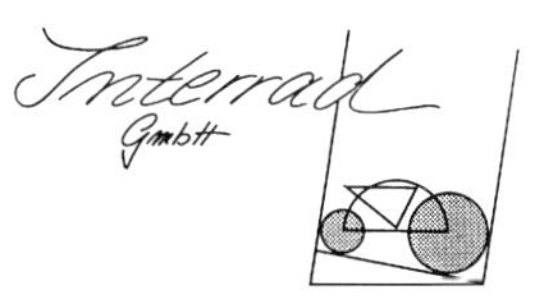

NAME: VORNAME: DATUM:

1. Aufgabe: Sie sehen hier Zeilen mit den Buchstaben **b, d, p** und **q**. Streichen Sie in jeder Zeile **nur die p** aus und nennen Sie in der rechten Zahlenleiste die Anzahl der gefundenen p.

Zeit: 3 Minuten

Lösung: Je richtige Zeile 4 Punkte; je Fehler 1 Punkt Abzug

1. dbdqbpbdqpddpbbqdpdddbbpbbbqpddqpqbdbpdbqbbqpdpbbd – .... mal p

2. pdqdqqddqddpddbpbqbbpddqdqqpbbqbqbpqbbbddqqqqbdqdd –

3. dpdbpqdqqbqqpqbqpqdbdpdpqdqdqqbqbdqbbdddbpbbqdqpdd –

4. ddppbdqqqpqbbdqbqbdbdbdqpbpqqdddqdbqbdpqbqdbqppdbq –

5. qdqdbdbbdbqqbddpqqdbdbbdbqqdqbpbpbpqppqbqdbdqqbdpd –

6. pdbqpdqbbdqbdbdqqdbbbdqddqppdddbbqqbdbdqpqpqpbbdqp –

7. dbdbbdqbdbdqpqpqdbdqqbddbdbdbbppqpqqbdbddqqbdqbdqq –

8. pqpdbbdpqpdbdbdddqpbpdpqqdbdqqdbbdqpbdpqqbdddbbdpqb –

9. qqbddbqqpqpbdqdbdqqddbdbdpqpdqqbdqqpppqdbpqpdbpdpq –

10. bbdbdpqpqpbdbdqdbddqbpqbddbbbdqpqqbbdddbdbdpqqbddbq –

Konzentrationsfähigkeit, Seite 1:   Punkte von 40 Punkten =   %

          3223 Abraham/Nemeth/Schalk, Interrad GmbH – Lernfeld Personalwirtschaft

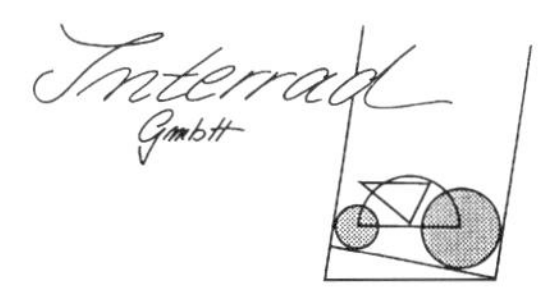

Teil 4 – Konzentrationsfähigkeit   Seite 2

NAME: VORNAME: DATUM:

2. Aufgabe: Verfolgen Sie die vorgegebenen Linien **mit Ihren Augen** vom Anfangspunkt (Ziffer) bis zum Endpunkt (Buchstabe). Notieren Sie die Buchstaben-/Zahlenkombination am unteren Ende der Linien.

Die Finger oder einen Bleistift dürfen Sie nicht zur Hilfe nehmen!

Zeit: 3 Minuten

Lösung: Für jede richtige Linie 4 Punkte

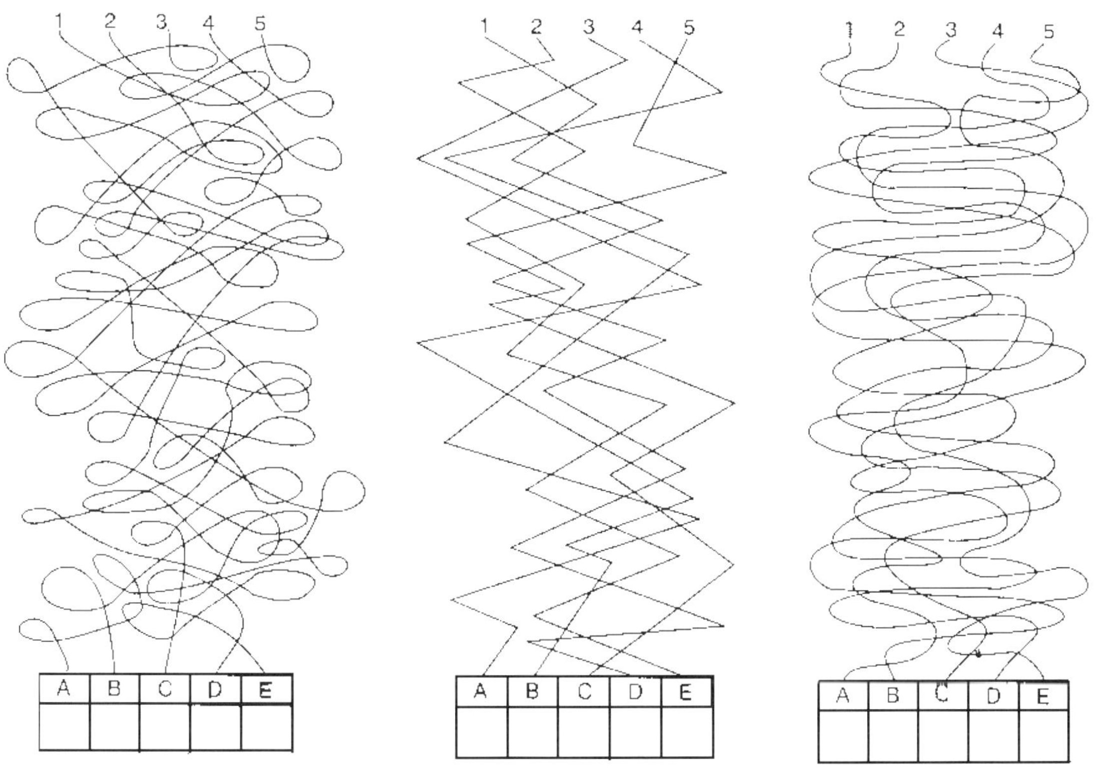

Konzentrationsfähigkeit, Seite 2:   Punkte von 60 Punkten =   %

Gesamtpunktzahl Konzentrationsfähigkeit: **Punkte von 100 Punkten =   %**

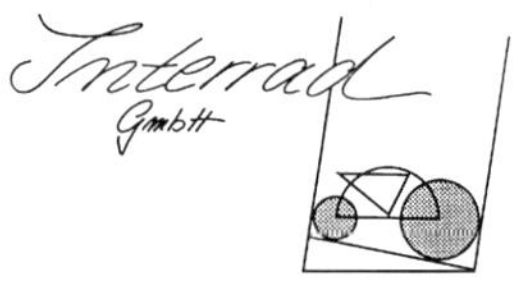

Teil 5 – Büroeignungstest: Arbeitsverhalten, Sorgfalt   Seite 1

NAME: VORNAME: DATUM:

1. Aufgabe: Vergleichen Sie die Originaladressen mit den Abschriften. Markieren Sie in den Abschriften alle Fehler (Rechtschreibung, Zahlen, Auslassungen).

Zeit: 3 Minuten

Lösung: Je richtige Zeile 5 Punkte; je Fehler 2 Punkte Abzug

Originaladressen:

1. Herwig Paulsen, 24943 Flensburg, Bismarckstraße 65, 0461 234589

2. Gönül Yakan, 28325 Bremen, Walliser Straße 88, 0421 421049

3. Anna Krisztofa, 38116 Braunschweig, Tiergarten 12, 0531 172766

4. Marie Schlich, 39114 Magdeburg, Schwanenweg 15, 0391 36748103

5. Björn Rockemer, 54294 Trier, Amselweg 16 a, 0651 2356981

6. Yordanka Sczyorska, 20457 Hamburg, Amerikastraße 120, 040 66889003

7. Rüdiger Meyer, 10585 Berlin, Luisenplatz 14 c, 030 8812150

8. Dietmar Kantelberg, 15230 Frankfurt/Oder, Hafenstraße 3, 0335 133141

Abschriften:

1. Herwig Paulsen, 24943 Flensburg, Bismarkstraße 65, 0461 234589

2. Gönül Yakan, 28355 Bremen, Walliser Straße 98, 0421 421049

3. Anna Krisztofa, 38116 Braunschweig, Tiergarten 12, 0581 172766

4. Marie Schlich, 39114 Magdeburg, Schwanenweg 15, 0391 36748103

5. Björn Rackener, 54294 Trier, Amselweg 16 , 0651 2366981

6. Yordanka Sczyorska, 20457 Hamburg, Amerikastraße 130, 040 66889003

7. Rüdiger Meier, 10585 Berlin, Luisenstraße 14 c, 030 8812150

8. Dieter Kantelberg, 15230 Frankfurt/Main, Hafenstraße 3, 0335 311341

Büroeignungstest, Seite 1:   Punkte von 40 Punkten =   %

     3223 Abraham/Nemeth/Schalk, Interrad GmbH – Lernfeld Personalwirtschaft

Teil 5 – Büroeignungstest: Arbeitsverhalten, Sorgfalt Seite 2

NAME: VORNAME: DATUM:

2. Aufgabe: Stellen Sie einen Dienstplan auf für 25 Krankenschwestern von Montag bis Freitag. Je Tag müssen drei Schwestern Tagesdienst (T) verrichten, zwei den Nachtdienst (N). Alle arbeiten nur einmal in der Woche. Einige können nur Nachtdienst, einige nur Tagesdienst übernehmen. Wenige können sowohl Tages- als auch Nachtdienst (N,T) leisten.

Zeit: 8 Minuten

Lösung: negativer Abzug – jeder falsch eingetragene Name Abzug von 3 Punkten

1. Anna (T)	7. Doris (N)	13. Maren (T)	19. Sarah (N)
2. Ayla (N)	8. Elke (T,N)	14. Melanie (N)	20. Svenja (T,N)
3. Bärbel (T,N)	9. Gaby (T)	15. Nora (T)	21. Susi (T)
4. Berta (T)	10. Hanna (T,N)	16. Nurhan (N)	22. Tanja (T)
5. Boszena (T,N)	11. Julia (N)	17. Paula (T)	23. Xenia (N)
6. Christel (N)	12. Karen (T)	18. Rieke (T,N)	24. Yasemin (T,N)
			25. Zita (T)

(Vgl. Hesse, Schrader, Testtraining für Ausbildungsplatzsuchende, Frankfurt/M)

MONTAG	DIENSTAG	MITTWOCH	DONNERSTAG	FREITAG

Büroeignungstest, Seite 2:	Punkte von 60 Punkten =	%

Gesamtpunktzahl Büroeignungstest:	**Punkte von 100 Punkten =**	%

AUSWERTUNG EINSTELLUNGSTEST

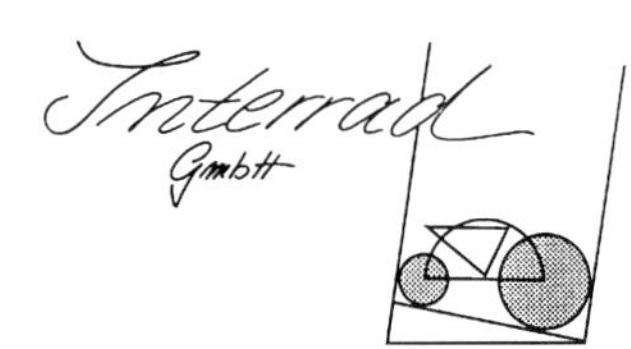

Name der Testperson:

Ergebnisse der Tests:

Test	Erreichter Prozentwert
Rechtschreibkenntnisse, Sprachverständnis	
Allgemeinbildung	
Logisches Denken, Rechenfähigkeit	
Konzentrationsfähigkeit	
Büroeignungstest: Arbeitsverhalten, Sorgfalt	
Durchschnitt der Testergebnisse	

Die besten 8 Bewerber/-innen werden zum Test geladen. Legen Sie daher aufgrund des vorliegenden Testergebnisses fest (bitte ankreuzen):

Die Bewerberin/der Bewerber ist zum Bewerbungsgespräch

• einzuladen ☐   • nicht einzuladen ☐

Die Testunterlagen der einzuladenden Bewerber/-innen sind zusammen mit dieser Auswertung und den Bewerbungsunterlagen aufzubewahren.

Die anderen Tests sind zu vernichten. Die Bewerbungsunterlagen der abgelehnten Bewerber/-innen sind umgehend mit den entsprechenden Unterlagen zurückzusenden.

Über die Testergebnisse ist Stillschweigen zu bewahren.

_______________________________   _______________________________
Unterschrift des Sachbearbeiters   Datum

Situation

Nach Auswertung des Einstellungstests lädt die Interrad GmbH fünf Bewerber/-innen zu einem abschließenden Vorstellungsgespräch. Nach diesem Gespräch wird entschieden, wer die drei Ausbildungsplätze erhalten wird.

Sowohl die Personalabteilung als auch die Schüler/-innen nutzen zur Vorbereitung auf dieses Gespräch unterstützendes Material. Die Personalabteilung bezieht sich auf einen „Leitfaden zum Vorstellungsgespräch", die Ausbildungsbewerber/-innen nutzen den Ratgeber „Vademekum für Ausbildungsplatzsuchende". Beide Unterlagen dienen als Grundlage für die Beantwortung der Fragen zum Vorstellungsgespräch.

Arbeitsauftrag

1. Beantworten Sie mithilfe des Vademekums (Hinweise 11 bis 17) die folgenden Fragen:

   a) Vergleichen Sie Ihre Erfahrungen bei Bewerbungen mit den Vorschlägen aus dem Vademekum. Welche Vorschläge halten Sie für besonders wichtig?

   b) Diskutieren Sie, was heißt angemessene Kleidung, angemessenes Verhalten bei einem Vorstellungsgespräch?

   c) Nennen Sie nicht zulässige Fragen.

   d) Warum sind einige Fragen nicht zulässig, warum einige nur eingeschränkt möglich?

   e) Was halten Sie von dem Vorschlag über das mentale Training?

2. Für das Vorstellungsgespräch hat die Interrad GmbH einen „Leitfaden zum Vorstellungsgespräch" entwickelt. Beantworten Sie die folgenden Fragen mithilfe dieses Leitfadens.

   a) Warum hat die Interrad GmbH einen solchen Leitfaden entwickelt?

   b) Erläutern Sie die Aussage: „Versuchen Sie Eignungsprofil des Bewerbers und Anforderungsprofil der Tätigkeit zur Deckung zu bringen."

   c) Nennen Sie die vorgeschlagenen Stufen des Vorstellungsgesprächs, die für Auszubildende eine Rolle spielen.

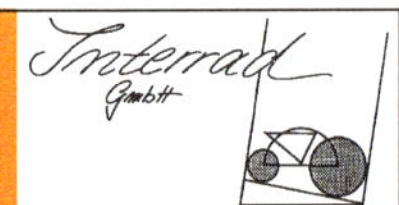

2. d) Welche Gesprächsführung verlangt die Interrad GmbH vom Leiter des Vorstellungs-
gespräches gegenüber dem Bewerber?

e) Welche Gründe sprechen aus Sicht des Unternehmens gegen einen Bewerber?

Anlagen/Arbeitsunterlagen

Leitfaden zum Vorstellungsgespräch
Ratgeber „Vademekum für Ausbildungsplatzsuchende", * – Seite 25

Leitfaden

Vorstellungsgespräch

Vorstellungs- oder Bewerbungsgespräche sind für jedes Unternehmen – so auch für die Interrad GmbH – von entscheidender Bedeutung. Erfolg oder Misserfolg bei einer Einstellung hängen weitgehend von der richtigen Gesprächsführung und Beurteilung des Gespräches ab.

Um eine langfristig erfolgreiche Personalpolitik zu betreiben, muss daher das Bewerbungsgespräch professionell vorbereitet und geführt werden. Interrad GmbH legt Wert auf qualifiziertes Personal. Je besser daher das Einstellungsgespräch vorbereitet ist, umso gerechtfertigter ist die spätere Personalentscheidung.

Versuchen Sie also Eignungsprofil des Bewerbers und Anforderungsprofil der Tätigkeit zur Deckung zu bringen.

Selbstverständlich erfordert das Vorstellungsgespräch mit einer/einem Auszubildenden eine andere Gesprächsführung als etwa das Bewerbungsgespräch mit einer/einem leitenden Angestellten. Aber der Ablauf wird in etwa gleich sein:

1. Begrüßung: Gegenseitiges Vorstellen, Dank für das Interesse an dem Unternehmen, Betonen der Vertraulichkeit, unverbindliche Fragen zur Einleitung (z. B. zur Anfahrt usw.).

2. Eingehen auf die persönliche Situation der Bewerber/-innen: Fragen zum Lebenslauf, Elternhaus, Hobby, zur Herkunft und Familie usw.

3. Beruflicher und bildungsmäßiger Werdegang. Lücken im Bildungsgang oder Berufsleben hinterfragen. Bei Auszubildenden zusätzlich vertiefende Fragen zu schulisch guten Leistungen oder Schwachpunkten.

4. Gezielte Detailfragen:
   – Vorstellung vom Arbeits- oder Ausbildungsplatz, von den Aufgaben;
   – Grund für die Wahl dieses Arbeits- oder Ausbildungsplatzes, für die beruflichen Veränderungsabsichten;
   – Kenntnisse über die Interrad GmbH;
   – Zukunftsvorstellungen.

5. Gegebenenfalls Informationen über das Unternehmen, den Ausbildungsplatz, den Ausbildungsgang, über die Erwartungen an den Arbeitnehmer mitteilen.

6. Gegebenenfalls erste Vertragsabsprachen. Entfällt selbstverständlich bei Auszubildenden.

7. Abschluss des Gespräches: Freundliche Verabschiedung, aber in der Regel zunächst offen lassen, ob der Bewerber/die Bewerberin angenommen wird oder nicht.

Als Gesprächsleiter tragen Sie die Verantwortung für den Verlauf. Gestalten Sie Ihre Gesprächsführung so, dass Sie offene Fragen stellen, Fragen also, auf die nicht nur mit Nein oder Ja geantwortet werden kann. Stellen Sie eine freundliche Atmosphäre her. Berücksichtigen Sie die äußere Situation (Stress), hören Sie aufmerksam zu, Ihr Gegenüber muss mehr reden als Sie. Bleiben Sie sachlich und neutral.

Für die Bewerberin/den Bewerber spricht nicht, wenn sie/er keine Fragen stellt, sich nicht für Einzelheiten der Tätigkeit interessiert, wenn Ihnen „nur nach dem Munde geredet wird", wenn sie/er die Ursachen für etwaige Misserfolge nur bei den Lehrkräften oder bisherigen Arbeitgebern sucht, wenn die Körperhaltung Desinteresse signalisiert, wenn keine angemessene Kleidung getragen wird.

Situation

Aus vielen Bewerbern hat die Interrad GmbH drei für die Ausbildung zur Industriekauffrau / zum Industriekaufmann herausgesucht. Eine der Auszubildenden ist Julia Lennartz. Zu Jahresbeginn war Julia 17 Jahre alt. Die Ausbildung soll am 1. August dieses Jahres beginnen. Wegen ihres Abschlusses der Höheren Handelsschule am Schulzentrum Bremen Ost wird die dreijährige Ausbildungszeit um sechs Monate gekürzt, die Probezeit beträgt drei Monate. Von einem Sachbearbeiter wird der Ausbildungsvertrag unterschriftsreif ausgefüllt.

Arbeitsauftrag

1. Füllen Sie die erste Seite des Ausbildungsvertrages und den Kopf des Ausbildungsplanes aus. Gehen Sie von diesem Jahr aus. Übernehmen Sie dazu
   - die persönlichen Daten für Julia Lennartz aus dem Bewerbungsbogen,
   - die Arbeitszeit und den Urlaub aus dem Manteltarifvertrag (§ 2,1 und § 4,2),
   - die Ausbildungsvergütung aus dem Lohn- und Gehaltstarifvertrag (§ 5,1).

2. Warum müssen beide Eltern den Ausbildungsvertrag unterschreiben?

3. Der Vertrag enthält auch die Pflichten des Auszubildenden und des Ausbildenden. Stellen Sie in einer Tabelle die Pflichten beider Partner zusammen.

4. Julia Lennartz hat auch die einzelnen Paragrafen des Ausbildungsvertrages aufmerksam gelesen. Dabei hat sie einige Fragen klären können. Beantworten Sie diese Fragen anhand des Ausbildungsvertrages.

   a) Welche Pflichten ergeben sich für den ausbildenden Betrieb sofort nach Abschluss des Ausbildungsvertrages und für die Abschlussprüfung (§ 3, Absatz 10 und 11 des Ausbildungsvertrages)?

   b) Was bedeutet es für ihre Ausbildung, falls Julia beim ersten Mal nicht die Abschlussprüfung bestehen sollte (§ 1, 4 des Vertrages)?

   c) Julia braucht einige Ausbildungsmittel wie Fachbücher und Unterlagen für Lehrgänge. Welche Regelung gilt für die Bezahlung dieser Materialien (§ 3, 4)?

   d) Julia hat von der Freundin Karen gehört, dass sie bei einer anderen Firma ständig für die älteren Kolleginnen Kaffee kochen und das Frühstück aus der Kantine besorgen muss. Außerdem soll Karen am Ende des Arbeitstages ihren Arbeitsplatz aufräumen und schnell noch Büros ausfegen. Wie sind diese Aufgaben mit Blick auf die Ausbildung zu beurteilen (§ 3, 7)?

   e) Wie ist die Regelung, falls Julia feststellt, dass sie überhaupt nicht mit dem Ausbilder zurechtkommt und deshalb bei einem anderen Unternehmen ihre Ausbildung als Industriekauffrau fortsetzen möchte (§ 7, 1 und § 7, 2):
      - während der Probezeit,
      - nach der Probezeit?

4. f) Julia spielt mit dem Gedanken, nach einem Jahr die Ausbildung eventuell abzubrechen, um dann bei der Fachhochschule ein Studium aufzunehmen. Begründen Sie, ob und in welcher Form Julia dann kündigen müsste.

g) Julia hat gehört, dass einem Meister in der Montage die „Hand ausgerutscht ist" und er einen Auszubildenden geschlagen hat. Der Auszubildende will kündigen. Welche Vorschriften hat er zu beachten (§ 7 , 2/ 7, 3/ 7, 4)?

h) Julia wird am Berufsschultag krank und wird vom Arzt für vier Tage krankgeschrieben. Wie hat sie sich gegenüber dem Arbeitgeber zu verhalten (§ 4, 8)?

i) Der ältere Auszubildende Pjotr bekommt Ärger mit seinem Ausbilder, weil er bereits seit vier Wochen das Berichtsheft nicht vorgelegt hat. Pjotr meint, es reiche doch, wenn er das Berichtsheft rechtzeitig zur Prüfung vollständig vorlegen könnte. Wie lautet die entsprechende Regelung (§ 4, 7)?

j) Julia erfährt zufällig in der Personalabteilung die Höhe der Gehälter leitender Angestellter. Sie berichtet ihren Freunden davon. Einer meint, sie solle mit solchen Informationen lieber vorsichtig sein. Wie ist das gemeint (§ 4, 6)?

k) Vergleichen Sie Urlaubszeit und tägliche Arbeitszeit bei der Interrad GmbH mit dem Jugendarbeitsschutzgesetz. Julia war zu Jahresbeginn 17 Jahre alt.

l) Julia möchte ihren Urlaub im Mai nehmen. Warum wird ihr diese Bitte mit Hinweis auf den Vertrag abgeschlagen (§ 6, 3)?

5. Beantworten Sie mit Blick auf den Ausbildungsplan:

a) Warum erhält Julia einen genau gegliederten Ausbildungsplan?

b) In welchen Bereichen wird Julia ihre Schulkenntnisse aus Buchführung und aus Betriebswirtschaftslehre gut verwerten können?

c) Julia interessiert sich insbesondere auch für Werbefragen. In welcher Abteilung wird sie hauptsächlich damit zu tun haben?

d) Julia liest, dass sie unter anderem auch in der Montage arbeiten soll. Julia fragt sich, ob dies eigentlich für ihre Ausbildung sinnvoll ist?

Anlagen/Arbeitsunterlagen

Ausgefüllter Bewerbungsbogen der Interrad GmbH
Ausbildungsvertrag; die Rückseite enthält die rechtlichen Regelungen
Ausbildungsplan
Auszug aus dem Jugendarbeitsschutzgesetz – siehe Anhang
Manteltarifvertrag* – Seite 72 ff.
Lohn- und Gehaltstarifvertrag * – Seite 75 f.

BEWERBUNGSBOGEN

Ich bewerbe mich um die Einstellung als: *Industriekauffrau*...

I. Angaben zur Person

Name: *Lennartz*........................... Vorname: *Julia* ....

Geburtsname: .... Telefon: ..*0421 256452*.......................

Wohnort: *28355 Bremen*.................... Straße: *Am Rüten 25*.........................

Geburtstag: .*10. Dez. 19*.. .... Geburtsort: *Flensburg*.........................

Staatsangehörigkeit: *deutsch*.................. Religion: *evangelisch*.........................

Bei Ausländern: Seit wann befinden Sie sich in Deutschland: ....

Aufenthaltserlaubnis gültig bis: ....

Arbeitserlaubnis gültig bis: ....

Bei minderjährigen Arbeitnehmer/-innen: Name und Anschrift der gesetzlichen Vertreter:

siehe oben..

....

II. Persönliche Angaben des Bewerbers/der Bewerberin

1. Sind Sie anerkannte/r Schwerbehinderte/r oder Gleichgestellte/r?...............................

   ggf. Grad der Behinderung: ....

2. Wehrdienst/Zivildienst von .... bis ....

   Einberufung wird erwartet zum: ....

3. Leiden Sie an chronischen oder ansteckenden Erkrankungen? *Nein*..............................

4. Bei welcher Krankenkasse sind Sie versichert? *AOK Bremen*...................................

5. Sind Sie mit einer Einstellungsuntersuchung einverstanden?

   (nur für über 18-Jährige)? ....

6. Welche Hobbys betreiben Sie? *Fußball, Musik (Querflöte), Tanzen, Lesen*......................

7. Welches ist Ihr Lieblingsfach in der Schule? *Deutsch, BWL, Fachpraxis*.......................

BEWERBUNGSBOGEN – SEITE 2

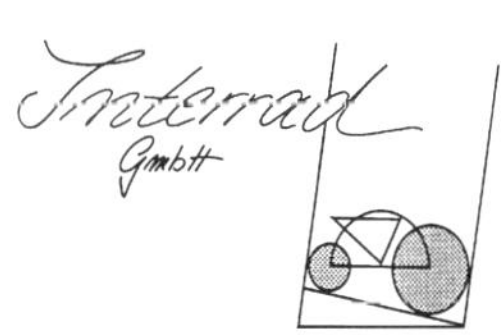

8. Mit welchem Schulfach hatten Sie Schwierigkeiten? *Mathematik* ....

9. Warum haben Sie sich für diesen Ausbildungsberuf entschieden? ....
   Interesse an bürotechnischer Arbeit, Umgang mit Menschen, Freude am PC
   ....

10. Warum haben Sie sich für unser Unternehmen entschieden? ....
    Mir ist bekannt, dass die Interrad GmbH eine gute Ausbildungsqualität garantiert,
    gute Chancen auf eine Übernahme nach der Ausbildung

11. Haben Sie sich bei anderen Firmen beworben? *Nein*..
    Wenn ja, für welche Ausbildung? ....

12. Hatten Sie bereits eine Ausbildung begonnen? *Nein*..
    Wenn ja, welcher Art? ....
    Warum haben Sie diese Ausbildung abgebrochen? ....
    ....

13. Zuletzt besuchte Schule? *SZ Bremen-Ost, 28325 Bremen*..
    Schulabschluss? Höhere Handelsschule ....

14. Angaben zum schulischen Werdegang:

SCHULSTUFE	NAME der SCHULE	von – bis
Grundschule	Philipp-Reis-Schule	1993 - 1997
Sekundarstufe I	SZ Rockwinkel	1997 - 2003
Zweijährige HH	SZ Bremen Ost	2003 - 2005

Ich versichere die obigen Angaben wahrheitsgemäß gemacht zu haben. Mir ist bekannt, dass im Falle einer unwahren Angabe oder des Verschweigens wesentlicher Tatsachen der Ausbildungsvertrag gekündigt werden kann.

Bremen, 26. März 2005

Ort und Datum

Bremen, 26.03.2005

Ort und Datum

Julia Lennartz

Unterschrift Auszubildende/r

Karl Lennartz

Unterschrift der gesetzlichen Vertreter

Antrag auf Eintragung
in das Verzeichnis der Berufsausbildungsverhältnisse
zum beiliegenden
Berufsausbildungsvertrag

Bitte die gelben Felder ausfüllen.

Zwischen dem Ausbildenden (Ausbildungsbetrieb)

Firmenident-Nr.   Tel.-Nr.

Name und Anschrift des Ausbildungsbetriebes:

Verantwortlicher Ausbilder / Verantwortliche Ausbilderin
Herr / Frau   geb. am:

und dem / der Auszubildenden   männlich   weiblich

Name, Vorname

Straße, Hausnummer

PLZ   Ort

Geburtsdatum   Geburtsort

Staatsangehörigkeit   Gesetzl.   Eltern   Vater   Mutter   Vormu[nd]
                         Vertreter [1])

Namen, Vornamen der gesetzl. Vertreter

Straße, Hausnummer

PLZ   Ort

wird nachstehender Vertrag
zur Ausbildung im Ausbildungsberuf

mit der Fachrichtung / dem Schwerpunkt,
nach Maßgabe der Ausbildungsordnung [2]) geschlossen.

Berufsnummer

Zuletzt von dem / der Auszubildenden besuchte Schule [5]) Bezeichnung des Schultyps   Abgangsklasse   abgeschlossen mit [6])   **Davor besuchte Schule**

abgeschlossen mit [6])

Berufsfeld [7])
u. Schwerpunkt

Betriebliche Ausbildungseinrichtung   Anzahl Fachkräfte   Anzahl Beschäftigte
Unterricht   im Ausbildungsberuf   in der Ausbildungsstätte
ja   Lehrbüro   Lehrecke   Sonstige
        Lehrwerkstatt

A   Die Ausbildungszeit beträgt nach der Ausbildungsordnung
        _______ Monate.
Die vorausgegangene Berufsausbildung u./o. schulische Vorbildung

wird mit _______ Monaten angerechnet.

Das Berufsausbildungsverhältnis

        Tag Monat Jahr   Tag Monat Jahr
beginnt   endet
am   am

B   Die Probezeit (§ 1 Nr. 2) beträgt _______ Monate. [3])

C   Die Ausbildung findet vorbehaltlich der Regelungen nach   **D**
        (§ 3 Nr. 12) in _______________________________

        und den mit dem Betriebssitz für die Ausbildung üblicherweise
        zusammenhängenden Bau-, Montage- und sonstigen Arbeitsstellen
        statt.

D   Ausbildungsmaßnahmen außerhalb der Ausbildungsstätte
        (§ 3 Nr. 12, mit Angabe der Dauer) _______________________

E   Der Ausbildende zahlt dem/der Auszubildenden eine angemes-
        sene Vergütung (§ 5); diese beträgt zur Zeit monatlich brutto:

€				
im	ersten	zweiten	dritten	vierten

Ausbildungsjahr.

F   Die regelm. tgl. Ausbildungszeit (§ 6 Nr. 1) beträgt _______ Std.

G   Der Ausbildende gewährt dem/der Auszubildenden Urlaub nach
        den geltenden Bestimmungen. Es besteht ein Urlaubsanspruch

im Jahr				
Werktage				
Arbeitstage				

H   Hinweis auf anzuwend. Tarifverträge und Betriebsvereinbarungen,
        sonstige Vereinbarungen:

[1])   Vertretungsberechtigt sind beide Eltern gemeinsam, soweit nicht die Vertretungsbe-
       rechtigung nur einem Elternteil zusteht.

[2])   Solange die Ausbildungsordnung nicht erlassen ist, sind gem. § 108 Abs. 1 BBiG die bis-
       herigen Ordnungsmittel anzuwenden.

[3])   Die Probezeit muß mindestens einen Monat und darf höchstens drei Monate betragen.

[4])   Das Jugendarbeitsschutzgesetz sowie für das Ausbildungsverhältnis geltende tarifver-
       tragliche Regelungen und Betriebsvereinbarungen sind zu beachten.

[5])   Besuchte Schule (zutr. Ziffer eintr.)   [6]) Schulabschluss (zutr. Ziffer eintr.)

05	Hauptschule		1	Hauptschulabschluss
10	Sonderschule		2	Qualifizierter Hauptschulabschluss
20	Realschule		3	Mittlerer Bildungsabschluss
30	Gymnasium		4	Fachhochschulreife
35	Oberstufenzentrum		5	Hochschulreife
40	Gesamtschule		6	Hochschulabschluss
51	Berufsvorbereitungsjahr BVJ		8	Sonstiger Abschluss
52	Berufsgrundschuljahr		9	Ohne Abschluss
53	Berufsfachschule			
57	Fachoberschule			
59	Sonst. berufl. Vollzeitschulen			
80	Hochschule / Fachhochschule			
90	Sonstige Schule			

[7])   Bei Berufsgrundschuljahr bzw. Berufsfachschule bitte besuchtes Berufsfeld eintragen

Unterschriften auf der Rückseite dieses Antrages und auf den Vertragsausfertigungen nicht vergessen

Bitte den Antrag mit den Vertragsniederschriften (2-fach), den Ausbildungsplänen (3-fach) und dem letzten Schulzeugnis der Handelskammer zustellen.

§ 1 — Ausbildungszeit

1. **(Dauer)** siehe A*)

2. **(Probezeit)** siehe B*)

3. **(Vorzeitige Beendigung des Berufsausbildungsverhältnisses)**
Besteht der/die Auszubildende vor Ablauf der unter Nr. 1 vereinbarten Ausbildungszeit die Abschlussprüfung, so endet das Berufsausbildungsverhältnis mit Bestehen der Abschlussprüfung. (Als Termin des Bestehens gilt der Tag, an dem der Prüfungsausschuss das Gesamtergebnis der Prüfung festgestellt hat.)

4. **(Verlängerung des Berufsausbildungsverhältnisses)**
Besteht der/die Auszubildende die Abschlussprüfung nicht, so verlängert sich das Berufsausbildungsverhältnis auf sein/ihr Verlangen bis zur nächstmöglichen Wiederholungsprüfung, höchstens um ein Jahr.

§ 2 — Ausbildungsstätte(n)
siehe C*)

§ 3 — Pflichten des Ausbildenden

Der Ausbildende verpflichtet sich,

1. **(Ausbildungsziel)**
dafür zu sorgen, dass dem/der Auszubildenden die Fertigkeiten und Kenntnisse vermittelt werden, die zum Erreichen des Ausbildungszieles nach der Ausbildungsordnung erforderlich sind, und die Berufsausbildung nach den beigefügten Angaben zur sachlichen und zeitlichen Gliederung des Ausbildungsablaufs so durchzuführen, dass das Ausbildungsziel in der vorhergesehenen Ausbildungszeit erreicht werden kann;

2. **(Ausbilder/in)**
selbst auszubilden oder eine(n) persönlich und fachlich geeignete(n) Ausbilderin (Ausbilder) ausdrücklich damit zu beauftragen;

3. **(Ausbildungsordnung)**
dem/der Auszubildenden vor Beginn der Ausbildung die Ausbildungsordnung kostenlos auszuhändigen;

4. **(Ausbildungsmittel)**
kostenlos die Ausbildungsmittel, insbesondere Werkzeuge, Werkstoffe und Fachliteratur zur Verfügung zu stellen, die für die Ausbildung in den betrieblichen und überbetrieblichen Ausbildungsstätten und zum Bestehen der Prüfungen erforderlich sind;

5. **(Besuch der Berufsschule und von Ausbildungsmaßnahmen außerhalb der Ausbildungsstätte)**
zum Besuch der Berufsschule anzuhalten und freizustellen. Das Gleiche gilt, wenn Ausbildungsmaßnahmen außerhalb der Ausbildungsstätte vorgeschrieben sind;

6. **(Berichtsheftführung in Form von Ausbildungsnachweisen)**
vor Ausbildungsbeginn und später die Berichtshefte kostenfrei auszuhändigen und ihm/ihr Gelegenheit zu geben, das Berichtsheft in Form eines Ausbildungsnachweises während der Ausbildungszeit zu führen sowie die ordnungsgemäße Führung zu überwachen;

7. **(Ausbildungsbezogene Tätigkeiten)**
nur Verrichtungen zu übertragen, die dem Ausbildungszweck dienen und den körperlichen Kräften angemessen sind;

8. **(Sorgepflicht)**
dafür zu sorgen, dass der/die Auszubildende charakterlich gefördert sowie sittlich und körperlich nicht gefährdet wird;

9. **(Ärztliche Untersuchung)**
sich Bescheinigungen gemäß §§ 32, 33 Jugendarbeitsschutzgesetz darüber vorlegen zu lassen, dass der/die jugendliche Auszubildende
a) vor der Aufnahme der Ausbildung untersucht wurde,
b) vor Ablauf des ersten Ausbildungsjahres nachuntersucht worden ist;

10. **(Eintragungsantrag)**
unverzüglich nach Abschluss des Ausbildungsvertrages die Eintragung in das Verzeichnis der Berufsausbildungsverhältnisse bei der zuständigen Stelle zu beantragen;

11. **(Anmeldungen zu Prüfungen)**
den Auszubildenden/die Auszubildende rechtzeitig zu den Zwischen- und Abschlussprüfungen anzumelden und freizustellen.

§ 4 — Pflichten des/der Auszubildenden

Der/Die Auszubildende hat sich zu bemühen, die Fertigkeiten und Kenntnisse zu erwerben, die erforderlich sind, um das Ausbildungsziel zu erreichen. Er/Sie verpflichtet sich insbesondere

1. **(Lernpflicht)**
die ihm/ihr im Rahmen seiner/ihrer Berufsausbildung übertragenen Aufgaben sorgfältig auszuführen;

2. **(Berufsschulunterricht, Prüfungen und sonstige Maßnahmen)**
am Berufsschulunterricht und an Prüfungen sowie an Ausbildungsmaßnahmen außerhalb der Ausbildungsstätte teilzunehmen; sein/ihr Berufsschulzeugnis unverzüglich dem Ausbildenden zur Kenntnisnahme vorzulegen;

3. **(Weisungsgebundenheit)**
den Weisungen zu folgen, die im Rahmen der Berufsausbildung vom Ausbilder oder anderen weisungsberechtigten Personen erteilt werden;

4. **(Betriebliche Ordnung)**
die für die Ausbildungsstätte geltende Ordnung zu beachten;

5. **(Sorgfaltspflicht)**
Werkzeug, Maschinen und sonstige Einrichtungen pfleglich zu behandeln und sie nur für die übertragenen Arbeiten zu verwenden;

6. **(Betriebsgeheimnisse)**
über Betriebs- und Geschäftsgeheimnisse Stillschweigen zu wahren;

7. **(Berichtsheftführung)**
ein vorgeschriebenes Berichtsheft ordnungsgemäß zu führen und regelmäßig vorzulegen;

8. **(Benachrichtigung)**
bei Fernbleiben von der Ausbildung oder der Berufsschule dem Ausbildenden unter Angabe von Gründen unverzüglich Nachricht zu geben und ihm Arbeitsunfähigkeit und deren voraussichtliche Dauer mitzuteilen. Dauert die Arbeitsunfähigkeit länger als 3 Tage, ist eine ärztliche Bescheinigung über die voraussichtliche Dauer der Arbeitsunfähigkeit an dem darauf folgenden Tag vorzulegen. Der Ausbildende ist berechtigt die Vorlage der ärztlichen Bescheinigung früher zu verlangen.

9. **(Ärztliche Untersuchung)**
soweit auf ihn/sie die Bestimmungen des Jugendarbeitsschutzgesetzes Anwendung finden, sich gemäß §§ 32 und 33 dieses Gesetzes ärztlich
a) vor Beginn der Ausbildung untersuchen,

b) vor Ablauf des ersten Ausbildungsjahres nachuntersuchen zu lassen und die Bescheinigungen hierüber dem Ausbildenden vorzulegen.

§ 5 — Vergütung und sonstige Leistungen

1. **(Höhe und Fälligkeit)** siehen E*)
Eine über die vereinbarte regelmäßige Ausbildungszeit hinausgehende Beschäftigung wird besonders vergütet oder durch entsprechende Freizeit ausgeglichen. Die Vergütung wird spätestens am letzten Arbeitstag des Monats gezahlt. Das auf die Urlaubszeit entfallende Entgelt (Urlaubsentgelt) wird vor Antritt des Urlaubs ausgezahlt. Die Beiträge für die Sozialversicherung tragen die Vertragsschließenden nach Maßgabe der gesetzlichen Bestimmungen.

2. **(Sachleistungen)**
Soweit dem/der Auszubildenden Kost und/oder Wohnung gewährt wird, gilt die in der Anlage beigefügte Regelung.

3. **(Kosten für Maßnahmen außerhalb der Ausbildungsstätte)**
Der Ausbildende trägt die Kosten für Maßnahmen außerhalb der Ausbildungsstätte gemäß § 3 Nr. 5, soweit sie nicht anderweitig gedeckt sind. Ist eine auswärtige Unterbringung erforderlich, so können dem/der Auszubildenden anteilige Kosten für Verpflegung in dem Umfang in Rechnung gestellt werden, in dem dieser/diese Kosten einspart. Die Rechnung von anteiligen Kosten und Sachbezugswerten nach § 10 (2) BBiG darf 75 % der vereinbarten Bruttovergütung nicht übersteigen.

4. **(Berufskleidung)**
Wird vom Ausbildenden eine besondere Berufskleidung vorgeschrieben, so wird sie von ihm zur Verfügung gestellt.

5. **(Fortzahlung der Vergütung)**
Dem/Der Auszubildenden wird die Vergütung auch gezahlt
a) für die Zeit der Freistellung gem. § 3 Nr. 5 und 11 dieses Vertrages sowie gemäß § 10 Abs. 1 Nr. 2 und § 43 Jugendarbeitsschutzgesetz
b) bis zur Dauer von 6 Wochen, wenn sie/er
 aa) sich für die Ausbildung bereithält, diese aber ausfällt
 aus einem sonstigen, in seiner/ihrer Person liegenden Grund unverschuldet verhindert ist, seine/ihre Pflichten aus dem Berufsausbildungsverhältnis zu erfüllen.

6. **(Entgeltzahlung im Krankheitsfall)**
Dem/Der Auszubildenden wird die Vergütung bei unverschuldeter Arbeitsunfähigkeit infolge Krankheit gem. Entgeltfortzahlungsgesetz gewährt
a) Dauer bis zu 6 Wochen
b) Höhe: 80 % der zustehenden Ausbildungsvergütung (Ausnahme: kein Abschlag bei Arbeitsunfall oder Berufskrankheit).
c) Anrechnung auf Urlaub: Anstatt des Abschlags kann der/die Auszubildende spätestens bis zum dritten Krankheitstag nach Ende der Arbeitsunfähigkeit verlangen, dass ihm/ihr für je 5 Krankheitstage ein Tag auf den Urlaubsanspruch angerechnet wird.
d) Grenze der Anrechnung: § 19 Jugendarbeitsschutzgesetz, § 3 Bundesurlaubsgesetz. Keine Anrechnungsmöglichkeit soweit Urlaub betriebsbedingt einheitlich festgelegt ist.

7. **(Wegfall der Feiertagsvergütung)**
Auszubildende, die am letzten Arbeitstag vor oder am ersten Arbeitstag nach Feiertagen unentschuldigt der Ausbildung fernbleiben, haben nach § 2 Entgeltfortzahlungsgesetz keinen Anspruch auf Bezahlung für diese Feiertage.

§ 6 — Ausbildungszeit und Urlaub

1. **(Tägliche Arbeitszeit)** siehe F*)
2. **(Urlaub)** siehe G*)
3. **(Lage des Urlaubs)**
Der Urlaub soll zusammenhängend und in der Zeit der Berufsschulferien erteilt und genommen werden. Während des Urlaubs darf der/die Auszubildende keine dem Urlaubszweck widersprechende Erwerbstätigkeit leisten.

§ 7 — Kündigung

1. **(Kündigung während der Probezeit)**
Während der Probezeit kann das Berufsausbildungsverhältnis ohne Einhaltung einer Kündigungsfrist und ohne Angabe von Gründen gekündigt werden.

2. **(Kündigung nach der Probezeit)**
Nach der Probezeit kann das Ausbildungsverhältnis nur gekündigt werden
a) aus einem wichtigen Grund ohne Einhalten einer Kündigungsfrist,
b) von/von der Auszubildenden mit einer Kündigungsfrist von 4 Wochen, wenn sie/er die Berufsausbildung aufgeben oder sich für eine andere Berufstätigkeit ausbilden lassen will.

3. **(Form der Kündigung)**
Die Kündigung muss schriftlich, im Falle der Nr. 2 unter Angabe der Kündigungsgründe erfolgen.

4. **(Unwirksamkeit der Kündigung)**
Eine Kündigung aus einem wichtigen Grund ist unwirksam, wenn die ihr zugrunde liegenden Tatsachen länger als zwei Wochen bekannt sind. Ist ein Schlichtungsverfahren gem. § 9 eingeleitet, so ist dessen Beendigung der Lauf dieser Frist gehemmt.

5. **(Schadenersatz bei vorzeitiger Beendigung)**
Wird das Berufsausbildungsverhältnis nach Ablauf der Probezeit vorzeitig gelöst, so kann der Ausbildende oder der/die Auszubildende Ersatz des Schadens verlangen, wenn der andere den Grund für die Auflösung zu vertreten hat. Das gilt nicht bei Kündigung wegen Aufgabe oder Wechsels der Berufsausbildung nach Nr. 2 b. Der Anspruch erlischt, wenn er nicht innerhalb von 3 Monaten nach Beendigung des Berufsausbildungsverhältnisses geltend gemacht wird.

6. **(Aufgabe des Betriebes, Wegfall der Ausbildungseignung)**
Bei Kündigung des Berufsausbildungsverhältnisses wegen Betriebsaufgabe oder wegen Wegfalls der Ausbildungseignung verpflichtet sich der Ausbildende, sich mithilfe der Berufsberatung des zuständigen Arbeitsamtes rechtzeitig um eine weitere Ausbildungsstätte zu bemühen.

§ 8 — Zeugnis

Der Ausbildende stellt dem/der Auszubildenden bei Beendigung des Berufsausbildungsverhältnisses ein Zeugnis aus. Hat der Ausbildende die Berufsausbildung nicht selbst durchgeführt, so soll auch der Ausbilder/die Ausbilderin das Zeugnis unterschreiben. Es muss Angaben enthalten über Art, Dauer und Ziel der Berufsausbildung sowie über die erworbenen Fertigkeiten und Kenntnisse des/der Auszubildenden, auf Verlangen des Auszubildenden auch Angaben über Führung, Leistung und besondere fachliche Fähigkeiten.

§ 9 — Beilegung von Streitigkeiten

Bei Streitigkeiten aus dem bestehenden Berufsausbildungsverhältnis ist vor Inanspruchnahme des Arbeitsgerichts der nach § 11 Abs. 2 des Arbeitsgerichtsgesetzes errichtete Ausschuss anzurufen.

§ 10 — Erfüllungsort

Erfüllungsort für alle Ansprüche aus diesem Vertrag ist der Ort der Ausbildungsstätte.

§ 11 — Sonstige Vereinbarungen (siehe H*)

Rechtswirksame Nebenabreden, die das Berufsausbildungsverhältnis betreffen, können nur durch schriftliche Ergänzung im Rahmen des § 11 dieses Berufsausbildungsvertrages getroffen werden.

Anlage gemäß § 3 Abs. Nr. 1 des Berufsausbildungsvertrages

Ausbildungsplan

Gemäß § 4 Abs. 1 des Berufsausbildungsgesetzes ist dieser Ausbildungsplan ein verbindlicher Bestandteil des zwischen dem
Ausbildungsbetrieb:
und dem/der Auszubildenden:
im Ausbildungsberuf:
abgeschlossenen Berufsausbildungsvertrages mit Beginn am: und Ende am:

<u>Anmerkung</u>: Den Ausbildungsplan bitte dreifach einreichen und unbedingt **<u>fachlich</u>** und **<u>zeitlich</u>** gliedern.

Tätigkeiten in den einzelnen Ausbildungsbereichen	Wochen/ Monate
<u>Produktion</u>: Erklärung der Arbeitsabläufe, der Arbeitsorganisation, des Organigramms. Vermittlung von Kenntnissen über die Produktionsplanung, Montage der Fahrräder. Kenntnisse über die Fahrradteile/Fremdbauteile. Erstellen des täglichen Betriebsberichtes sowie die Zusammenfassung im monatlichen Betriebsbericht. Materialentnahmescheine führen.	**14**
<u>Lagerwesen</u>: Kenntnisse des Lagerwesens sowie Arbeiten in der Warenannahme und –ausgabe; Führen der Lagerkartei, Bestände zählen, EDV-Belege für Wareneingang, -ausgang, -bestand. Abfertigen unserer LKWs und der Speditionsladungen. Speditionsaufträge erstellen. Kleinverkauf an Abholer. Erklärung des gesamten Arbeitsablaufs.	**14**
<u>Einkauf/Rechnungsprüfung</u>: Einkauf – a) Angebote einholen b) Preis- und Qualitätsvergleich c) Auftragserteilung d) Lieferungs- und Zahlungsbedingungen e) Rechnungserhalt und –kontrolle, Rechnungsverteilung zur sachlichen Prüfung und zur Buchhaltung. Führen der Einkaufs- und Lieferantenkartei. Ablage organisieren. Einfache Korrespondenz, Schreiben von Aufträgen.	**14**
<u>Absatz/Verkauf</u>: Allgemeine Kenntnisse des Marktes und der Werbung. Erledigung von Schriftverkehr mit Kunden und Behörden. Annahme von Aufträgen und telefonischer Bestelleinholung. Ausschreiben von Aufträgen, Vorbereitung der Auftragsscheine für die EDV, Kenntnis über verkaufsfördernde Maßnahmen. Anfertigen von Statistiken. Grundkenntnisse des Abrechnungsverfahrens. EDV im Absatz kennen lernen.	**14**
<u>Marketing</u>: Tätigkeit im Zentralmagazin für Werbematerial. Ausgabe von Werbematerial. Führen von Karteien der Werbemittelbestände. Beschaffung von Klischees und Matern. Zusammenstellung von Informationen an unsere Kunden und Großhändler. Mitarbeit bei der Ausarbeitung interner Wettbewerbe. Auswertung von Marketingmaterialien anderer Firmen. Pflege und Entwicklung der hausinternen Website.	**18**
<u>Rechnungswesen</u>: Zahlungsverkehr auf der Eingangsseite: Ausfüllen von Zahlungsanweisungen mit Abstimmung, Zinsrechnung für Darlehen, diverse Berechnungen (Verbrauch von Roh-, Hilfs- und Betriebsstoffen), Führen und Lesen der Kontokorrentbuchhaltung, Kassenbuch führen, Kostenstellen-, Kostenträger- und Deckungsbeitragsrechnung, Ablage, Mahn- und Klagewesen, EDV-Buchführung kennen lernen.	**31**
<u>Personalabteilung</u>: Einstellungen und Entlassungen; Einführung in die Lohnabrechnung per EDV; Lohnabrechnungsbelege erstellen für die EDV; Umgang mit Lohnsteuerkarten und Versicherungsnachweisen; Führen der Personalkarteien, Ermittlung und Protokolle bei Arbeitsunfällen; formularmäßige Abwicklung des Schriftverkehrs mit Behörden, Krankenkassen, Versicherungen.	**10**
<u>Allgemeines</u>: Daneben erfolgt eine theoretische Unterweisung in allen Arbeitsgebieten laut internem Ausbildungsplan.	

Der Ausbildende
(Stempel und Unterschrift)

Situation

Wegen der Neugestaltung der Hauptabteilung Logistik sind neue Stellen zu besetzen. Es soll u. a. für die Einführung und spätere Abwicklung eines neuen Beschaffungskonzeptes just in time ein kaufmännischer Mitarbeiter oder eine Mitarbeiterin mit fundierten EDV-Kenntnissen und guten englischen Sprachkenntnissen eingestellt werden. Von der Stabsabteilung Organisation und Statistik liegt eine Stellenbeschreibung als Grundlage für die Stellenausschreibung vor.

Arbeitsauftrag

1. Im Rahmen der Stellenbesetzung sind verschiedene Arbeiten zu erledigen bzw. Überlegungen anzustellen.

   a) Welche Möglichkeiten bestehen, um qualifiziertes Personal zu beschaffen?

   b) Welche Gesichtspunkte sollte die Stellenanzeige beinhalten?

   c) Wie groß sollte die Stellenanzeige sein?

   d) In welchen Zeitungen oder Zeitschriften sollte die Stellenanzeige platziert werden? Begründen Sie Ihre Antwort.

   e) An welchem Wochentag sollte die Stellenanzeige veröffentlicht werden? Begründen Sie Ihre Antwort.

   f) Ermitteln Sie mithilfe der Anzeigenpreisliste der örtlichen Tageszeitung, wie viel Euro die Stellenanzeige kostet?

2. Entwerfen Sie eine Stellenanzeige unter Berücksichtigung der Vorgaben der Stellenbeschreibung. Beachten Sie die folgenden Punkte bei der Textgestaltung:
   - Aufmacher (Schlagzeile, Überschrift, Grafik)
   - Beschreibung der Interrad GmbH
   - Bezeichnung der ausgeschriebenen Stelle
   - Anforderungen an den Bewerber
   - Bezahlung und Konditionen
   - Bewerbungsfrist und -unterlagen

Anlagen/Arbeitsunterlagen

Stellenbeschreibung
Preisliste für Anzeigen einer örtlichen Tageszeitung**

<h1 style="text-align:center">Stellenbeschreibung</h1>

Stellenbeschreibung für die Stelle „Logistik-Sachbearbeitung"

1 Ziel der Stelle

Die Hauptaufgabe des Stelleninhabers/der Stelleninhaberin besteht darin, alle logistischen Maßnahmen zu treffen, um die erforderlichen Materialien für eine störungsfreie Durchführung der Produktion und Montage zu beschaffen.

Der Stelleninhaber/die Stelleninhaberin soll den Abteilungsleiter der Logistik vertreten.

2 Aufgaben der Stelle

Folgende Einzelaufgaben sind verantwortlich zu erfüllen:

2.1   Bedarf disponieren

2.2   Vertragsabwicklung durchführen

2.3   Lieferanten bewerten

2.4   Reklamationsvorgänge regeln

2.5   Logistische Abläufe organisieren

2.6   Zusammenarbeit mit der Produktionsplanung optimieren

2.7   EDV-gestützte Logistikvorgänge weiterentwickeln

2.8   Hauptabteilungsleiter vertreten

2.9   Geschäftsführung in Logistikfragen beraten

3 Anforderungen der Stelle

Folgende Voraussetzungen sind erforderlich:

3.1   Kaufmännische Ausbildung

3.2   Selbstständige Logistiktätigkeit in einem Industrieunternehmen

3.3   Gute Kenntnisse der englischen Sprache in Wort und Schrift

3.4   Fundierte Kenntnisse mit den EDV-Programmen MS-Office, Access und Copics

3.5   Erfahrungen in der Korrespondenzabwicklung mithilfe der PC-Textverarbeitung

3.6   Teamfähigkeit, Verhandlungsgeschick und Durchsetzungsvermögen

4 Eingliederung der Stelle

4.1   Vorgesetzter: Leiter der Hauptabteilung Logistik

4.2   Mitarbeiter: Logistik-Sachbearbeiter/-in, Lagerverwalter/-in

4.3   Stellvertretung:

4.3.1   durch den Vorgesetzten in wichtigen Angelegenheiten

4.3.2   durch einen anderen Logistik-Sachbearbeiter im Rahmen von Routineaufgaben

Situation

Aufgrund der Stellenanzeige gehen mehrere Bewerbungen ein. Als Sachbearbeiter bzw. Sachbearbeiterin der Personalabteilung haben Sie nun die Qual der Wahl, den geeigneten Bewerber für die ausgeschriebene Stelle zu ermitteln. Sie sollen in den folgenden Arbeitsaufträgen das Verfahren zur Personalauswahl abwickeln.

Arbeitsauftrag

1. Das Bewerber-Tableau (Bewerberliste) der Interrad GmbH gibt einen Überblick über die Bewerbungen. Tragen Sie zunächst die drei noch eingegangenen Bewerbungen in das Bewerber-Tableau ein.

2. Vergleichen Sie, ob die eingereichten Bewerbungsunterlagen der drei Kandidaten vollständig sind.

3. Im Rahmen der Personalverwaltung sind Arbeitszeugnisse sowohl zu beurteilen als auch auszustellen. Die Personalleitung der Interrad GmbH hat aus diesem Grund einen entsprechenden Leitfaden erstellt.

   a) Welche Zeugnisarten werden unterschieden?

   b) Was wird im Zeugnis unter: „Führung" und „Leistung" beurteilt?

   c) Darf der verübte Diebstahl von Toilettenpapier im Arbeitszeugnis erwähnt werden?

4. Ein Arbeitszeugnis kann auch Formulierungen enthalten, die nicht die wahre Beurteilung einer Person zum Ausdruck bringen.

   a) Warum werden negative Aussagen in einer Art Geheimsprache verschlüsselt?

   b) Was halten Sie von dem Hinweis: „Herr Kaiser hat seine Arbeit stets pünktlich aufgenommen"?

   c) Wie ist die Aussage: „Er trug zur Verbesserung des Betriebsklimas bei" zu beurteilen?

5. Die drei Bewerber haben jeweils ein Arbeitszeugnis eingereicht. Die dort enthaltenen Angaben sollen beurteilt werden.

   a) Notieren Sie je eine wichtige Aussage zur Beurteilung

   – der Leistung und
   – der Führung.

   b) Welche Leistungsbewertung für eine Gesamtbeurteilung wurde den Bewerbern in ihren Zeugnissen gegeben?

      3223 Abraham/Nemeth/Schalk, Interrad GmbH – Lernfeld Personalwirtschaft

6. Es können nicht alle Bewerbungskandidaten zu einem Vorstellungsgespräch bzw. zu weiteren Eignungstests eingeladen werden, daher muss eine Vorauswahl getroffen werden.

   a) Beurteilen Sie die Bewerbungsunterlagen mithilfe des Formulars „Bewerbungsauswertung".

   b) Welche Bewerber sollen zu einem Vorstellungsgespräch eingeladen werden? Tragen Sie Ihre Entscheidung in das Formular „Bewerber-Tableau"unter Bemerkungen ein.

7. Formulieren Sie mithilfe der Textbausteine jeweils eine Mitteilung an die drei Bewerber.

Anlagen/Arbeitsunterlagen

3 Bewerbungsschreiben
3 Lebensläufe
3 Arbeitszeugnisse
1 Abschlusszeugnis
1 DV-Lehrgangszeugnis
1 Diplom-Urkunde
1 Englisch Zertifikat
1 Bewerber-Tableau
4 Bewerbungsauswertungen
Arbeitsanweisung „Arbeitszeugnisse ausstellen und beurteilen"
Textbausteinefür Schreiben an Bewerber/-innen
2 Geschäftsbriefbogen der Interrad GmbH

Dorothee Berger
Danziger Straße 4
26122 Oldenburg
Telefon: 044´ 31659

Oldenburg, 20..-09-18

Interrad GmbH
Walliser Straße 125
28325 Bremen

Bewerbung auf Ihre Anzeige für die Stelle als Logistik-Sachbearbeiterin

Sehr geehrte Damen und Herren,

auf Ihre Anzeige bewerbe ich mich zum 1. November 20.. um die Stelle der Logistik-Sachbearbeitung.

Zurzeit arbeite ich in ungekündigter Stellung als Sachbearbeiterin im Einkauf bei den Norddeutschen Armaturenwerken (NAW) in Oldenburg. Ich bin dort für die Beschaffung der erforderlichen Materialien für die Herstellung von technischen Messgeräten zuständig. Durch die Einkaufstätigkeit bei der NAW habe ich Erfahrungen in der Planung und Steuerung von Materialdispositionen im Rahmen eines vernetzten Kommunikationssystems zwischen Hersteller und den Zulieferern sammeln können.
Ich möchte ein neues Aufgabengebiet in einer anderen Branche übernehmen. Die Interrad GmbH ist mir durch die Qualität ihrer Fahrräder bekannt.
Wie Sie aus meinem Lebenslauf ersehen, habe ich die Höhere Handelsschule besucht und eine Ausbildung zur Industriekauffrau absolviert.
Meinen Lebenslauf mit Foto, den Kaufmannsgehilfenbrief sowie ein Arbeitszeugnis füge ich bei.

Über eine Einladung zu einem persönlichen Gespräch würde ich mich sehr freuen.

Mit freundlichen Grüßen

Dorothee Berger

Dorothee Berger

Lebenslauf

Persönliche Daten:

Name:	Berger
Vorname:	Dorothee
Geburtsdatum:	1978-02-14
Geburtsort:	Delmenhorst
Familienstand:	ledig
Anschrift:	Danziger Straße 4, 26122 Oldenburg

Ausbildung:

9/1984 – 6/1988	Besuch der Grundschule in Delmenhorst
8/1988 – 7/1990	Besuch der Orientierungsstufe in Delmenhorst
9/1990 – 7/1994	Besuch der Realschule in Bremen
8/1994 – 6/1996	Besuch der Zweijährigen Höheren Handelsschule in Bremen
8/1996 – 6/1999	Ausbildung zur Industriekauffrau bei der Stahlwerke Bremen GmbH in Bremen

Beruflicher Werdegang:

8/1999 – 6/2002	Industriekauffrau bei der Stahlwerke Bremen GmbH: Rechnungswesen, Statistik
seit August 2002	Industriekauffrau Norddeutsche Armaturenwerke in Oldenburg, Abteilung: Einkauf
Fortbildung:	EDV-Schulungen in: Tabellenkalkulation (Excel), Datenbank (Access), PowerPoint

Oldenburg, 20..-09-18

Dorothee Berger

3223 Abraham/Nemeth/Schalk, Interrad GmbH – Lernfeld Personalwirtschaft

Norddeutsche Armaturenwerke

Norddeutsche Armaturenwerke
Haager Straße 125
26127 Oldenburg

Oldenburg, 20..-09-17

Zeugnis

Frau Dorothee Berger, geboren am 14. Februar 1978, ist seit dem 1. August 2002 bei uns als Industriekauffrau im Einkauf beschäftigt.

Das Aufgabengebiet von Frau Berger umfasst:

– Einholen und Prüfen von Angeboten
– eigenständige Abwicklung von Verträgen
– Kontrolle der Liefertermine
– Regelung von Reklamationen
– Erstellung von Einkaufsstatistiken

Darüber hinaus war sie an der Entwicklung eines neuen Logistikkonzeptes in unserem Haus beteiligt.

Frau Berger hat die ihr übertragenen Arbeiten stets zu unserer Zufriedenheit ausgeführt. Ihr Verhalten gegenüber Vorgesetzten und Kollegen/-innen ist jederzeit vorbildlich und korrekt gewesen. Sie besitzt fundierte Fachkenntnisse, eine gute Auffassungsgabe und die Fähigkeit, die gefassten Entscheidungen diplomatisch durchzusetzen. Frau Berger ist bereit sachliche Kritik zu üben und zu akzeptieren. Sie zeigt Initiative, Fleiß und Eifer.

Frau Berger strebt in einem anderen Unternehmen eine neue Beschäftigung an. Wir sind gerne bereit auf ihren Wunsch hin das vorliegende Zwischenzeugnis auszustellen.

Mit freundlichem Gruß

Dr. Möhring

(Leiter der Personalabteilung)

Norddeutsche Armaturenwerke Haager Straße 125–130 26127 Oldenburg	Telefon: 0441 363455-0 Telefax: 0441 363450	Internet: www.naw-wvd.de E-Mail service@naw-wvd.de	Commerzbank Konto-Nr. 85163250 • BLZ 280 400 46, Oldenburgische Landesbank AG Konto-Nr. 481766091 • BLZ 280 200 50,

---

Institut für Erwachsenenbildung IEB

Zeugnis

Name: Dorothee Berger

Geboren am: 14.02.1978

in: Delmenhorst

besuchte in der Zeit vom 01.09. bis 30.11.2005 in Bremen die Arbeitsgemeinschaft

MS–Office Professional 2003

Die Arbeitsgemeinschaft umfasste 60 Unterrichtsstunden

Themenbereiche:

Einführung in die Textverarbeitung „MS–Word"
– Einführung in die Bedienung und Handhabung des Programms
– Erstellen, Bearbeiten und Formatieren von Texten
– Erstellen von Textbausteinen
– Einbinden externer Objekte wie z. B. Clip Art, Word Art
– Erstellen von Word-Tabellen, mehrspaltigen Texten
– Serienbriefe mit Bedingungsabfragen

Einführung in das Tabellenkalkulationsprogramm „MS–Excel"
– Einführung in die Bedienung und Handhabung des Programms
– Erstellen von Tabellen und Diagrammen
– Einsatz von verschachtelten Funktionen
– Verknüpfung von Tabellen und Arbeitsmappen
– Erarbeitung von benutzerspezifischen Anwendungen

Einführung in das Präsentationsprogramm „MS–PowerPoint"
– Einführung in die Bedienung und Handhabung des Programms
– Erstellen von Folien
– Erstellen von zeitgesteuerten Bildschirmpräsentationen

Institut
für Erwachsenenbildung

Bremen, 30.11.2005

Heinemeier

Lehrgangsleiter

Handelskammer Bremen

Note 1 = sehr gut Note 2 = gut

Note 3 = befriedigend Note 4 = ausreichend

Prüfungszeugnis nach § 34 BBiG

Dorothee B e r g e r

		Erteilte Noten:	
geboren am	14. Februar 1978	Industriebetriebslehre	2
in	Delmenhorst		

hat die Abschlussprüfung im Ausbildungsberuf

Rechnungswesen, Organisation, Datenverarbeitung — 2

Wirtschafts- und Sozialkunde — 3

Industriekaufmann/-kauffrau

Praktische Prüfung — 3

heute bestanden.

Bremen,   21. Juni 1999

Handelskammer Bremen

Vorsitzende des Prüfungsausschusses

Julia Langenbeck

          3223 Abraham/Nemeth/Schalk, Interrad GmbH – Lernfeld Personalwirtschaft

Heike Müller
Stuttgarter Straße 12
28215 Bremen
Telefon: 0421 373588

Bremen, 20..-09-16

Interrad GmbH
Walliser Straße 125
28325 Bremen

Bewerbung um die Stelle der Logistik-Sachbearbeitung

Sehr geehrte Damen und Herren,

hiermit bewerbe ich mich um die im Weser-Kurier vom 20..-09-15 angebotene Stelle für die Logistik-Sachbearbeitung.

Ich arbeitete seit fünf Jahren bei der Spedition LOGISTIK-TRANS in der Frachten-abwicklung. Vorher war ich bei der CTL Container Transport Logistic GmbH tätig.

Ich möchte mich beruflich verändern und strebe eine Tätigkeit an, die meinen Fähigkeiten entspricht und gut bezahlt wird.

Seit drei Jahren bin ich mit Herrn Krüger verlobt, der im Materiallager bei Ihnen beschäftigt ist.

Meinen Lebenslauf sowie ein Arbeitszeugnis füge ich dem Schreiben bei.

Ich wäre Ihnen sehr dankbar, wenn Sie mir die Gelegenheit zu einem persön-lichen Gespräch geben würden.

Mit freundlichen Grüßen

Heike Müller

Heike Müller

Anlagen
Tabellarischer Lebenslauf
Foto
Kaufmannsgehilfenbrief
Arbeitszeugnis
Englisch Zertifikat

Lebenslauf

Persönliche Daten

Name:	Müller
Vorname:	Heike
Geburtsdatum:	1980-08-10
Geburtsort:	Bremen
Familienstand:	ledig
Anschrift:	Stuttgarter Straße 12, 28215 Bremen

Schulausbildung

1986 – 1990	Besuch der Grundschule in Bremen
1990 – 1992	Besuch der Orientierungsstufe in Bremen
1992 – 1996	Besuch der Realschule in Bremen

Berufsausbildung

1998 – 2001	Ausbildung zur Speditionskauffrau bei der CTL Container Transport Logistic GmbH, Bremen

Berufspraxis

2001 – 2002	Speditionskauffrau bei der CTL Container Transport Logistic GmbH, Bremen
2002 bis heute	Speditionskauffrau Speditions TRANS-LOGISTIK in Bremen: Projektmanagement Übersee

Fortbildung:

Sprachkenntnisse in Englisch
EDV-Kenntnisse in Word, Excel und PowerPoint

Bremen, 20..-09-16

Heike Müller

TRANS-LOGISTIK
Ludwig-Erhard-Straße 40–44
28197 Bremen

TRANS LOGISTIK

Zwischenzeugnis

Frau Heike Müller, geboren am 10. August 1980 ist seit dem 1. Oktober 2002 bei uns als Speditionskauffrau in unserem Unternehmen tätig. Frau Müller erhält auf eigenen Wunsch das Zeugnis, um sich anderenorts bewerben zu können.

Ihr Aufgabengebiet in der Abteilung „Projektmanagement Übersee" umfasste

– Sammeln und Disponieren von Teillieferungen
– Seehafenmäßige Abfertigung von Teilpartien
– Erstellung von Dokumenten
– Abrechnung von Seefrachten und Hafengebühren

Wir bestätigen gern, dass Frau Müller mit Fleiß, Ehrlichkeit und Pünktlichkeit an ihre Aufgaben herangegangen ist. Gegenüber Vorgesetzten und Kollegen/-innen war sie hilfsbereit. Sie beherrscht ihren Arbeitsbereich im Allgemeinen entsprechend den Anforderungen. Durch ihre Geselligkeit trug sie stets zur Verbesserung des Betriebsklimas bei. Sie ist nicht immer bereit sachliche Kritik zu akzeptieren.

Frau Müller hat sich bemüht die ihr übertragenen Arbeiten zu unserer Zufriedenheit zu erledigen. Ihr Verhalten gegenüber Vorgesetzten und Kollegen/-innen ist im Allgemeinen korrekt gewesen.

Wir wünschen Frau Müller für die Zukunft viel Glück und alles Gute.

Bremen, 20..-09-02

Dr. König

TRANS-LOGISTIK
Ludwig-Erhard-Straße 40–44
28197 Bremen

Telefon: 042- 584112-0
Telefax: 042- 584130

Internet:
www.translog-wvd.de
E-Mail
info@translog-wvd.de

Sparkasse in Bremen
Konto-Nr. 4566713896 BLZ 290 501 01
Bremer Landesbank
Konto-Nr. 100 661 4008 BLZ 290 500 00

Certificate

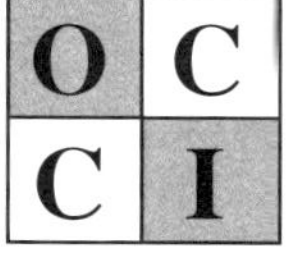

EXAMINATIONS BOARD

This is to certify that

Heike Müller

has been awarded

English for Business – Second Level　　　　　Pass with Credit
Oral Test English for Business / Commerce – Second Level　　　　　Pass
******

having been examined by Oxford Chamber of Commerces and Industry Examinations Board.

THE INTERNATIONAL
VOCATIONAL
AWARDINGBody

OCCI

B J Harris
B J Harris
Chief Executive

Peter Jordan
Peter Jordan
Chairman

Look for the genuine OCCIEB watermark　　　ON DEMAND 2004 – 2005　　　EGERBDA/0122120　　　Serial No. 0020005532

Michael Schröder
Scharnhorststraße 88
28211 Bremen
Telefon: 0421 241677

Bremen, 20..-09-17

Interrad GmbH
Walliser Straße 125
28325 Bremen

Ihre Stellenanzeige im Weser-Kurier vom 20..-09-15

Sehr geehrte Damen und Herren,

ich beziehe mich auf Ihre oben genannte Anzeige und bewerbe mich um die Stelle für die Logistik-Sachbearbeitung.

Zurzeit bin ich bei der Bremer Motorenfabrik beschäftigt. Mein Aufgabengebiet im Bereich der Beschaffungslogistik umfasst die Beschaffung der erforderlichen Materialien für die Produktion ohne Vorratshaltung in einem Lager. Zu den logistischen Aufgaben gehört es auch, in sogenannten Cost-Centern durch selbstständige und eigenverantwortliche Teams die Qualitätssicherung, Instandhaltung und Planung in der Fertigung – „direkt vor Ort" – zu gewährleisten. Das angewandte Logistikkonzept führt sowohl zu einer kostenreduzierten Materialbereitstellung an den Montagelinien als auch zu einer Integration von Vormontagen in die Fertigungsabläufe. Mein Tätigkeitsfeld in den letzten Jahren lag im Wesentlichen in der Entwicklung und Umsetzung von Logistikprojekten.

Weitere Qualifikationshinweise bitte ich Sie meinem beruflichen Werdegang sowie den beigefügten Zeugnissen zu entnehmen.

Die ausgeschriebene Stelle gibt mir die Gelegenheit, meine umfangreiche Berufserfahrung einem renommierten Unternehmen der Fahrradbranche zur Verfügung zu stellen.

Über eine Einladung zu einem Gespräch würde ich mich freuen.

Mit freundlichen Grüßen

Michael Schröder

Michael Schröder

Anlagen
Tabellarischer Lebenslauf
Foto
Diplom-Urkunde
Arbeitszeugnis

Lebenslauf

Persönliche Daten:

Name:	Michael Schröder
Anschrift:	28211 Bremen, Scharnhorststraße 88, Telefon 0421 241677
Geburtsdatum:	4. Oktober 1974
Geburtsort:	Braunschweig
Familienstand:	verheiratet, 2 Kinder

Beruflicher Werdegang:

Schulausbildung:	8/1981 – 7/1985	Grundschule
	8/1985 – 6/1991	Gymnasium (Realschulabschluss)
Berufsausbildung:	9/1991 – 7/1994	Ausbildung zum Industriekaufmann bei der Volkswagen AG in Wolfsburg
Berufspraxis:	8/1994 – 7/1995	Industriekaufmann bei der Volkswagenwerk AG: Controlling und EDV
Berufsfachschule:	8/1995 – 7/1996	Fachoberschule in Bremen
Studium:	9/1996 – 7/1999	Betriebswirtschaftsstudium an der Hochschule für Wirtschaft in Bremen (Diplom-Betriebswirt)
Berufspraxis:	9/1999 – heute	Kaufmännischer Angestellter bei der Bremer Motorenfabrik im Bereich Beschaffungslogistik
Fortbildung:		Transporttechnik und Transportorganisation Internationale Logistiksysteme Produktionsplanung Controlling und Budgetierung Spezifische Fachsprache Englisch

Bremen, 17. September 20..

Michael Schröder

3223 Abraham/Nemeth/Schalk, Interrad GmbH – Lernfeld Personalwirtschaft

Hochschule für Wirtschaft Bremen

DIPLOM-URKUNDE

Herr Michael Schröder

geboren am:	4. Oktober 1974
in:	Braunschweig
hat am:	15. Juli 1999
an der	Hochschule für Wirtschaft Bremen

die staatliche Prüfung für Betriebswirte mit

Erfolg abgelegt.

Er/Sie ist gemäß der Neufassung der Ordnung für die Verleihung des Hochschulgrades des "Diplom-Betriebswirt" der Hochschule für Wirtschaft Bremen vom 12. Dezember 1995 (Brem.ABl. 1980 S. 36) berechtigt, den Hochschulgrad

DIPLOM-BETRIEBSWIRT

zu führen.

Bremen, den　　22. Juli 1999

Der Rektor

Dr. Ferdinant Gallwitz

(Siegel)

Prof. Dr. Ferdinant Gallwitz

Bremer Motorenfabrik
Stresemannstraße 4
28207 Bremen

Zeugnis

Herr Michael Schröder, geboren am 4. Oktober 1974, ist seit dem 1. September 1999 bei uns als Betriebswirt beschäftigt.

Herr Schröder war zunächst im Rechnungswesen eingesetzt. Seine Hauptaufgabe lag im Rahmen der Kosten- und Leistungsrechnung in der Kalkulation der Verkaufspreise für unsere Produkte. Ein weiterer Schwerpunkt seiner Tätigkeit war die Ermittlung innerbetrieblicher Verrechnungspreise.

Aufgrund seiner organisatorischen Fähigkeiten und seiner logistischen Fachkenntnisse, die sich Herr Schröder im Laufe der Zeit durch Fortbildungsmaßnahmen im Bereich der Transporttechnik und Transportorganisation erworben hat, wechselte er in die Abteilung Beschaffungslogistik. Herr Schröder hat hier maßgeblich unser neues Logistikkonzept entwickelt. Die logistischen Aufgaben wie die Warenvereinnahmung, Eingangsprüfung und Lagerung „vor Ort" durch eine veränderte Einkaufs- und Lagerstrategie wurden neu zugeordnet. Ihm ist es gelungen, durch verstärkte Direktanlieferungen im Bereich der Beschaffungslogistik die Kosten erheblich zu reduzieren.

Herr Schröder besitzt umfangreiche Fachkenntnisse, eine überdurchschnittliche Auffassungsgabe und die Fähigkeit, zielstrebig getroffene Entscheidungen in der betrieblichen Praxis zügig umzusetzen. Er beherrscht seinen Arbeitsbereich umfassend überdurchschnittlich, sicher und identifiziert sich mit seiner Aufgabe.

Herr Schröder hat die ihm übertragenen Arbeiten stets zu unserer vollsten Zufriedenheit ausgeführt. Wir lernten ihn als sehr gewissenhaften und einsatzfreudigen Mitarbeiter kennen. Durch seine aktive und kooperative Mitarbeit war er bei Vorgesetzten und Kollegen sehr geschätzt und beliebt.

Herr Schröder verlässt uns auf eigenen Wunsch, um ein neues Betätigungsfeld aufzunehmen. Wir wünschen ihm für seine künftige Tätigkeit und Zukunft alles Gute.

Bremen, 20..-08-31

Peter Reimann

Bremer Motorenfabrik
Stresemannstraße 4
28207 Bremen
www.bmf-wvd.de

Telefon/Fax/E-Mail:
Telefon: 0421 484544
Fax: 0421 484545
E-Mail: info@bmf-wvd.de

Bremer Landesbank
Konto-Nr. 205 456 5090 · BLZ 290 500 00
Bankhaus Neelmeyer
Konto-Nr. 66448891 · BLZ 290 200 00

Bewerber-Tableau

Abteilung: ☐ AV   ☐ Rewe   ☒ Logistik   ☐ Absatz   ☐ Produktion

Stelle: Logistik-Sachbearbeitung

lfd. Nr.	Name, Vorname	Alter	Familien-stand	Berufsausbildung	Studium	zurzeit beschäftigt	Bemerkungen
1	Reuter, Martina	28	verheiratet	Industriekauffrau	———	DaimlerChrysler AG	Einladung
2	Hollmann, Manfred	32	ledig	Speditionskaufmann	BWL	Kühne & Nagel	Absage
3	Corbella, Renato	29	verheiratet	Bürokaufmann	Logistik	Keiper Recaro	Einladung
4	Thies, Karin	25	ledig	Reedereikauffrau	Transportwesen	Intercargo	Einladung
5	Kühn, Wolfgang	26	ledig	Industriekaufmann	———	arbeitslos	Zurückstellen
6	Kempa, Robert	31	ledig	Datenverarbeitungskaufmann	BWL	Effem	Absage
7	Terkes, Günöl	25	verheiratet	Industriekauffrau	———	Derby Cycle	Zurückstellen

3223 Abraham/Nemeth/Schalk, Interrad GmbH – Lernfeld Personalwirtschaft

Bewerbungsauswertung

Stelle:
Name
Vorname:
Alter:
Anschrift:

A = sehr gut
B = zufrieden stellend
C = unzureichend

	A	B	C
Bewerbungsunterlagen			
Vollständig			
Form und Aussagekraft			
Bewerbungsschreiben			
Beachtung der DIN 5008			
Auswertbare Informationen			
Besonderes Interesse am Unternehmen			
Lebenslauf			
Form und Aufbau			
Zeitlicher Ablauf des beruflichen Werdeganges			
Zusatzqualifikationen			
Zeugnisse			
Gesamtbeurteilung			
Beurteilung bezogen auf die Stelle			
Gesamturteil			

Anmerkungen:

Bewerbungsauswertung

Stelle:
Name
Vorname:
Alter:
Anschrift:

A = sehr gut
B = zufrieden stellend
C = unzureichend

	A	B	C
Bewerbungsunterlagen			
Vollständig			
Form und Aussagekraft			
Bewerbungsschreiben			
Beachtung der DIN 5008			
Auswertbare Informationen			
Besonderes Interesse am Unternehmen			
Lebenslauf			
Form und Aufbau			
Zeitlicher Ablauf des beruflichen Werdeganges			
Zusatzqualifikationen			
Zeugnisse			
Gesamtbeurteilung			
Beurteilung bezogen auf die Stelle			
Gesamturteil			

Anmerkungen:

Bewerbungsauswertung

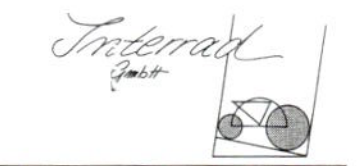

Stelle:			
Name	A = sehr gut		
Vorname:	B = zufrieden stellend		
Alter:	C = unzureichend		
Anschrift:			

Bewerbungsunterlagen	A	B	C
Vollständig			
Form und Aussagekraft			

Bewerbungsschreiben	A	B	C
Beachtung der DIN 5008			
Auswertbare Informationen			
Besonderes Interesse am Unternehmen			

Lebenslauf	A	B	C
Form und Aufbau			
Zeitlicher Ablauf des beruflichen Werdeganges			
Zusatzqualifikationen			

Zeugnisse	A	B	C
Gesamtbeurteilung			
Beurteilung bezogen auf die Stelle			

Gesamturteil			

Anmerkungen:

Bewerbungsauswertung

Stelle:			
Name	A = sehr gut		
Vorname:	B = zufrieden stellend		
Alter:	C = unzureichend		
Anschrift:			

Bewerbungsunterlagen	A	B	C
Vollständig			
Form und Aussagekraft			

Bewerbungsschreiben	A	B	C
Beachtung der DIN 5008			
Auswertbare Informationen			
Besonderes Interesse am Unternehmen			

Lebenslauf	A	B	C
Form und Aufbau			
Zeitlicher Ablauf des beruflichen Werdeganges			
Zusatzqualifikationen			

Zeugnisse	A	B	C
Gesamtbeurteilung			
Beurteilung bezogen auf die Stelle			

Gesamturteil			

Anmerkungen:

3223 Abraham/Nemeth/Schalk, Interrad GmbH – Lernfeld Personalwirtschaft

Leitfaden

Arbeitszeugnisse ausstellen und beurteilen

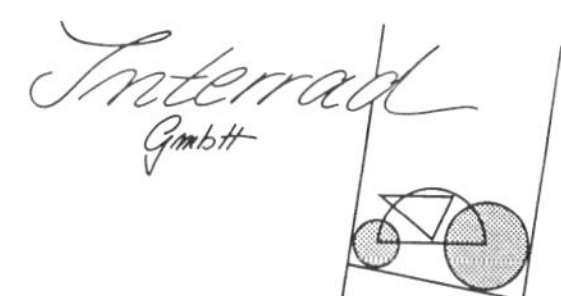

Jeder Arbeitnehmer hat bei Beendigung seines Arbeitsverhältnisses Anspruch auf ein schriftliches Zeugnis, das auf seinen Wunsch hin auch Führung und Leistung zu beurteilen hat (§ 630 BGB, § 73 HGB). Das Arbeitszeugnis ist dem ausscheidenden Arbeitnehmer angemessene Zeit vor Beendigung des Arbeitsverhältnisses zur Verfügung zu stellen, denn das Zeugnis dient in erster Linie dem Ziel, die Bewerbung um eine neue Arbeitsstelle zu erleichtern.

Einfaches Zeugnis:

Das Zeugnis enthält neben Angaben zur Person des Arbeitnehmers noch Ausführungen über Art und Dauer der Beschäftigung.

Qualifiziertes Zeugnis:

Auf Wunsch des Arbeitnehmers ist das Arbeitszeugnis auch auf die **Führung** und die **Leistungen** während der gesamten Dauer des Arbeitsverhältnisses auszudehnen. Es muss für die Gesamtbeurteilung alle wesentlichen Aufgaben des Arbeitnehmers enthalten.

Der Begriff „**Führung**" umfasst das Verhalten des Arbeitnehmers im Betrieb, sein soziales Verhältnis zu Mitarbeitern und Vorgesetzten.

Die Beurteilung der „**Leistung**" des Arbeitnehmers bezieht sich auf berufliche Kenntnisse und Fähigkeiten, auf die Einsatzfreude des Arbeitnehmers sowie seine speziellen Fertigkeiten im Rahmen der Berufsausübung.

Straftaten dürfen im Arbeitszeugnis nur dann erwähnt werden, wenn sie mit dem Arbeitsverhältnis im Zusammenhang stehen und von erheblichem Gewicht für die Gesamtbeurteilung sind.

Der **Grund der Auflösung** des Arbeitsverhältnisses ist in das Arbeitszeugnis aufzunehmen, wenn der Arbeitnehmer dies wünscht oder die Erwähnung seinem Interesse entspricht (z. B., wenn er selbst gekündigt hat).

Die Formulierung des Zeugnisses im Einzelnen ist Sache des Arbeitgebers. Auf bestimmten Wortlaut hat der Arbeitnehmer keinen Anspruch. Einzelne unwichtige negative Begebenheiten dürfen nicht erwähnt werden. Der Bundesgerichtshof hat in einem Grundsatzurteil hervorgehoben, dass Zeugnisse „von verständigem Wohlwollen für den Arbeitnehmer getragen sein und ihm sein weiteres Fortkommen nicht unnötig erschweren" sollen. Daher sind doppelsinnige Ausdrucksweisen, missverständliche Wortwahl, Auslassungen u. a. zu vermeiden.

Ein Arbeitnehmer, der wegen verspäteter Erteilung des Arbeitszeugnisses oder falscher Angaben des Arbeitgebers keinen neuen Arbeitsplatz findet, kann von seinem bisherigen Arbeitgeber Schadenersatz beanspruchen.

Im Arbeitsleben hat sich hinsichtlich der Wertung von Führung und Leistung eine Formulierungspraxis durchgesetzt, die die Gerichte bei einer Überprüfung von Beurteilungen in Arbeitszeugnissen ihrer Entscheidungsfindung zugrunde legen. Die genaue Kenntnis dieser Formulierungspraxis ist daher für alle mit Arbeitszeugnissen befassten Personen wichtig.

Die Geschäftsleitung der Interrad GmbH hat auf Basis der sich im Laufe der Zeit entwickelten Rechtsprechung und Formulierungspraxis Grundsätze für die Auswertung und die Ausstellung von Arbeitszeugnissen entwickelt.

Leitfaden

Arbeitszeugnisse ausstellen und beurteilen

Aufbau und Bestandteile des qualifizierten Zeugnisses:

- **Überschrift:** „Zeugnis" oder „Arbeitszeugnis"

- **Persönliche Angaben:** Vorname, Name, Geburtsdatum

- **Dauer der Beschäftigung:** von ... bis ...

- **Beruf und Stelle/Abteilung:** als ... (zum Beispiel) im Materiallager

- **Tätigkeitsbeschreibung:** Darstellung der ausgeübten betrieblichen Funktionen

- **Leistungsbeurteilung:** Fachwissen, Einsatzbereitschaft, Initiative, Zuverlässigkeit, Vertrauenswürdigkeit

- **Führung:** Verhalten gegenüber Vorgesetzten und Arbeitskollegen

- **Schlusssatz:** Austrittshinweis, Dank und Zukunftswünsche

Leistungsbewertung für ein Gesamturteil:

1	**sehr gute Leistungen**	=	„Er/Sie hat die ihm/ihr übertragenen Arbeiten stets zu unserer vollsten Zufriedenheit erledigt."
2	**gute Leistungen**	=	„Er/Sie hat die ihm/ihr übertragenen Arbeiten stets zu unserer vollen Zufriedenheit erledigt."
3	**befriedigende Leistungen**	=	„Er/Sie hat die ihm/ihr übertragenen Arbeiten stets zu unserer Zufriedenheit erledigt."
4	**ausreichende Leistungen**	=	„Er/Sie hat die ihm/ihr übertragenen Arbeiten im Großen und Ganzen zu unserer Zufriedenheit erledigt."
5	**unzureichende Leistungen**	=	„Er/Sie hat sich bemüht die ihm/ihr übertragenen Arbeiten zu unserer Zufriedenheit zu erledigen."

Weitere Hilfen zur Beurteilung von Formulierungen in Arbeitszeugnissen sind den beigefügten Anlagen zu entnehmen:

- **Formulierungshilfen für Arbeitszeugnisse**

- **Geheimsprache in Arbeitszeugnissen entschlüsseln**

Formulierungshilfen für Arbeitszeugnisse

Quelle: Bundesvereinigung der Arbeitgeberverbände

Beurteilungs-merkmal	Stufe der Erfüllung gestellter Anforderungen			
	hervorragend	gut	durchschnittlich	unterdurchschnittlich
Fachkönnen	beherrscht seinen Arbeitsbereich umfassend und überdurchschnittlich, sicher und vollkommen besitzt Kenntnisse in Nachbargebieten findet optimale Lösungen hat oft neue Ideen findet sich in neuen Situationen sicher zurecht	beherrscht seinen Arbeitsbereich überdurchschnittlich arbeitet sicher und selbstständig findet gute Lösungen hat neue Ideen findet sich in neuen Situationen zurecht	beherrscht seinen Arbeitsbereich entsprechend den Anforderungen hat gute Erfahrungen findet brauchbare Lösungen passt sich neuen Situationen erfolgreich an	beherrscht seinen Arbeitsbereich im Allgemeinen entsprechend den Anforderungen zeigt trotz guter Erfahrungen nicht selten Unsicherheiten bewältigt neue Situationen oft nicht ohne Schwierigkeiten
Arbeitsqualität	zeigt weit überdurchschnittliche Arbeitsqualität arbeitet stets mit äußerster Sorgfalt und größter Genauigkeit	zeigt überdurchschnittliche Arbeitsqualität arbeitet stets mit Sorgfalt und Genauigkeit	Arbeitsqualität entspricht den Erwartungen arbeitet sorgfältig und genau	zeigt im Allgemeinen zufrieden stellende Arbeitsqualität arbeitet im Allgemeinen sorgfältig und genau
Arbeitsbereitschaft (Initiative, Fleiß)	zeigt stets Initiative, großen Fleiß und Eifer arbeitet mehr, als von seiner Aufgabe her erwartet werden kann identifiziert sich mit seiner Aufgabe ist auch unter Schwierigkeiten ausdauernd erweitert ständig seine Kenntnisse	zeigt stets Initiative, Fleiß und Eifer erfüllt seine Aufgaben mit großem Einsatz, mit Ausdauer und Konzentration erweitert seine Kenntnisse	zeigt Initiative, Fleiß und Eifer erfüllt seine Aufgaben entsprechend den Erwartungen denkt bei der Arbeit mit	zeigt bei entsprechendem Anstoß Fleiß und Eifer erfüllt seine Aufgaben im Allgemeinen entsprechend den Erwartungen
Soziales Verhalten	fördert aktive Zusammenarbeit stellt, falls erforderlich, auch persönliche Interessen zurück ist kontaktwillig und -fähig gibt bereitwillig rechtzeitige und vollständige Informationen ist stets hilfsbereit übt und akzeptiert sachliche Kritik	unterstützt die Zusammenarbeit findet schnell und leicht Kontakt ist informationsbereit ist stets hilfsbereit ist bereit sachliche Kritik zu üben und zu akzeptieren	arbeitet gern mit anderen zusammen findet schnell und leicht Kontakt ist informationsbereit ist hilfsbereit ist bereit sachliche Kritik zu üben und zu akzeptieren	arbeitet im Allgemeinen bereitwillig mit anderen zusammen informiert zwar sachlich richtig, aber nicht immer ausreichend und rechtzeitig ist im Allgemeinen hilfsbereit ist nicht immer bereit sachliche Kritik zu akzeptieren

Geheimsprache in
Arbeitszeugnissen entschlüsseln

Aufgepasst: Nicht immer wird die Wahrheit gesagt!

Arbeitszeugnisse werden nicht selten in einer Art Geheimsprache formuliert. Die Zeugnisse enthalten unwahre Aussagen oder der Beurteilte wird benachteiligt oder diskriminiert. Die Formulierungen klingen wohlwollend, sind aber oft eine herbe Kritik an der beurteilten Person.

Beispiele:

„Wir haben uns im gegenseitigen Einvernehmen getrennt."	**bedeutet**	„Wir haben ihm gekündigt."
„Durch seine Geselligkeit trug er zur Verbesserung des Betriebsklimas bei."	**bedeutet**	„Er hat Alkoholprobleme."
„Er war tüchtig und wusste sich gut zu verkaufen."	**bedeutet**	„Er ist ein Wichtigtuer."
„Er zeigte Einfühlungsvermögen für die Belange der Belegschaft."	**bedeutet**	„Er macht sich an Kolleginnen ran."
„Er ist mit seinen Vorgesetzten gut zurechtgekommen."	**bedeutet**	„Er ist ein Radfahrer."
„Er verfügt über Fachwissen und zeigt ein gesundes Selbstvertrauen."	**bedeutet**	„Er hat wenig Ahnung, nur eine große Klappe."
„Wegen seiner Pünktlichkeit war er stets ein Vorbild."	**bedeutet**	„Er war in jeder Hinsicht eine Niete."
„Er wusste seine Auffassungen intensiv zu vertreten."	**bedeutet**	„Er war stets vorlaut."
„Er galt im Kollegenkreis als toleranter Mitarbeiter."	**bedeutet**	„Für Vorgesetzte war er ein schwerer Brocken."

Textbausteine für Schreiben an Bewerber/-innen

Anschrift

In der Betreffzeile steht: Ihre Bewerbung vom ...

Anrede: Sehr geehrte Frau .../Sehr geehrter Herr ...

Bezug : Dank für die Bewerbung

Vielen Dank für Ihre Bewerbung.
Vielen Dank für Ihre ausführliche und ansprechende Bewerbung.
Ihre übersichtlichen Bewerbungsunterlagen haben uns sehr überzeugt, vielen Dank.
Herzlichen Dank für Ihre überzeugende Bewerbung.

Entscheidung über die Bewerbung, Begründung dazu

Ihre Bewerbung ist zwar in die engere Wahl gekommen, aber nach genauer Prüfung aller Unterlagen haben wir uns für eine andere Bewerberin entschieden.

Sie wissen, dass sich sehr viele Bewerber auf diese Stelle beworben haben. Dies gestaltete die Auswahl sehr schwierig, aber letztlich haben wir uns dann doch für einen anderen Bewerber entschieden.

Sie sind unter vielen Bewerbungen in die engste Wahl gekommen. Trotzdem haben wir schließlich trotz Ihrer sehr guten Qualifikationen eine andere Bewerberin vorgezogen, der/die für diese Aufgabe noch spezieller qualifiziert ist und die größere Erfahrung einbringt.

Ihre Unterlagen haben uns so angesprochen, dass wir Sie unter vielen Mitbewerbern zu einem Vorstellungsgespräch ausgewählt haben. In diesem Gespräch würden wir gerne mit Ihnen über Ihre Bewerbung, Ihre möglichen Aufgaben und Ihre Vorstellungen zur angebotenen Stelle sprechen.

Wegen Ihrer überzeugenden Qualifikationsnachweise laden wir Sie gerne zu einem Vorstellungsgespräch, bei dem unsere Geschäftsleitung anwesend sein wird. Bei dieser Gelegenheit wollen wir Sie mit unserem Unternehmen bekannt machen und über Ihre Vorstellungen zur Aufgabe sprechen.

Weiterer Ablauf: Rücksendung der Unterlagen/Terminabsprachen/ Zukunftswünsche

Ihre Unterlagen senden wir mit diesem Brief zurück. Wir danken Ihnen für Ihr Interesse an unserem Unternehmen und wünschen Ihnen für die Zukunft alles Gute und Erfolg bei der nächsten Bewerbung.

Wir bedauern unsere Absage und bitten Sie in dieser Absage keine Abwertung Ihrer Fähigkeiten zu sehen. Für die Zukunft sind wir sicher, dass Sie schon bald eine entsprechende Stelle finden werden. Ihre Unterlagen fügen wir bei.

Als Termin schlagen wir den ... , ... Uhr vor. Wir hoffen, dass Ihnen dieser Termin zusagt. Andernfalls melden Sie sich bitte bei der o. g. Adresse zur Absprache eines anderen Termins. Selbstverständlich übernehmen wir Ihre Anfahrts- bzw. Reisekosten. Wir freuen uns auf Ihren Besuch und wünschen Ihnen eine gute Anreise.

Wir schlagen Ihnen als Termin den ..., ... Uhr im Geschäftszimmer 1.03 vor. Bitte bringen Sie alle nötigen Unterlagen mit. Die Reisekosten gehen selbstverständlich zu unseren Lasten. Wir wünschen Ihnen viel Erfolg und freuen uns auf das Gespräch.

Interrad GmbH · Walliser Straße 125 · 28325 Bremen

		Telefon, Name	
Ihr Zeichen, Ihre Nachricht	Unser Zeichen, unsere Nachricht vom	0421 421047-	Datum

Geschäftsführer/-in:
Karl Bertram jun.
Regina Woldt

Registereintragungen:
Amtsgericht Bremen
HRB 4621
USt-IdNr. DE 283 355 325

Kommunikation:
Telefon: 0421 421047-0
Fax: 0421 421048
E-Mail: info@interrad.de
Internet: www.interrad.de

Bankverbindungen:
Die Sparkasse Bremen
Konto-Nr. 1 122 448 800, BLZ 290 501 00
Postbank Hamburg
Konto-Nr. 212 115-201, BLZ 200 100 00

Interrad GmbH · Walliser Straße 125 · 28325 Bremen

		Telefon, Name	
Ihr Zeichen, Ihre Nachricht	Unser Zeichen, unsere Nachricht vom	0421 421047-	Datum

Geschäftsführer/-in:
Karl Bertram jun.
Regina Woldt

Registereintragungen:
Amtsgericht Bremen
HRB 4621
USt-IdNr. DE 283 355 325

Kommunikation:
Telefon: 0421 421047-0
Fax: 0421 421048
E-Mail: info@interrad.de
Internet: www.interrad.de

Bankverbindungen:
Die Sparkasse Bremen
Konto-Nr. 1 122 448 800, BLZ 290 501 00
Postbank Hamburg
Konto-Nr. 212 115-201, BLZ 200 100 00

Situation

Nach Auswertung der Eignungstests und Vorstellungsgespräche mit den Bewerbern um die Stelle der Logistik-Sachbearbeitung hat Herr Michael Schröder am besten abgeschnitten. Er ist bereits telefonisch benachrichtigt worden und soll in der nächsten Woche den Arbeitsvertrag unterschreiben.

Arbeitsauftrag

1. Um einen rechtswirksamen Arbeitsvertrag zwischen Arbeitgeber und Arbeitnehmer abzuschließen, sind wichtige rechtliche Rahmenbedingungen zu beachten. Wesentliche Grundlagen für den Arbeitsvertrag sind der hauseigene Lohn- und Gehaltstarifvertrag sowie der Manteltarifvertrag. Beide Tarifverträge wurden zwischen der IG Metall und der Interrad GmbH vereinbart.

   a) Was wird im Manteltarifvertrag geregelt?

   b) Was regelt der Lohn- und Gehaltstarifvertrag?

   c) Wie sind die Laufzeiten für den Manteltarifvertrag und Lohn-/Gehaltstarifvertrag geregelt?

   d) Für wen gelten die Bestimmungen in beiden Tarifverträgen?

2. Beantworten Sie mithilfe des Manteltarifvertrags die folgenden Fragen:

   a) Wie hoch ist die wöchentliche Arbeitszeit?

   b) Wie viel Urlaub erhält eine 35-jährige Mitarbeiterin der Interrad GmbH?

   c) Wie viel Tage Sonderurlaub erhält ein Mitarbeiter für die eigene Hochzeit?

   d) Unter welcher Voraussetzung wird die Weihnachtsgratifikation gezahlt?

   e) Wie lange dauert die Probezeit?

   f) Da Herr Fricke aus dem Materiallager im laufenden Jahr schon zweimal krank gewesen ist, veranlasst der Abteilungsleiter bei einer erneuten Erkrankung die Gehaltszahlung nach einem Monat einzustellen. Begründen Sie, ob die Weiterzahlung verweigert werden kann.

   g) Frau Luka war während ihres Urlaubs sechs Tage krank. Nach ihrer Rückkehr aus dem Urlaub legt sie der Personalabteilung ein ärztliches Attest vor. Begründen Sie, ob die Krankheitstage auf den Jahresurlaub angerechnet werden können.

3. Beantworten Sie mithilfe des Lohn- und Gehaltstarifvertrages die folgenden Fragen:

   a) Wie hoch ist der Stundenlohn eines gelernten Facharbeiters im 3. Gesellenjahr ab 1. Oktober 20..?

---

3. b) Wie hoch ist das monatliche Gehalt für einen Angestellten ab 1. Juni 20.., der einfache Tätigkeiten ausführt?

   c) Wie hoch ist die Ausbildungsvergütung im 2. Ausbildungsjahr?

   d) Welche Arbeitnehmer bekommen einen Lohn, welche ein Gehalt?

4. Stellen Sie die gesetzliche und tarifliche Regelung der Kündigungsfristen in einer Tabelle gegenüber. Die Fristen können Sie dem vorliegenden Manteltarifvertrag und dem Kündigungsfristengesetz im Anhang entnehmen.

	Gesetzliche Regelung	**Tarifvertragliche Regelung**
Nach der Probezeit		
ab 2 Jahre		
ab 5 Jahre		
ab 8 Jahre		
ab 10 Jahre		
ab 12 Jahre		
ab 15 Jahre		
ab 20 Jahre		
	Jeweils zum Monatsende	Jeweils zum Monatsende

5. Die Interrad GmbH hat einen Arbeitsvertrag entworfen, der die Rechte und Pflichten der Vertragsparteien regelt.

   a) Welche Einzelheiten werden im vorliegenden Arbeitsvertrag geregelt?

   b) Warum sollte ein Arbeitsvertrag schriftlich abgeschlossen werden?

   c) Nennen Sie die Pflichten des Arbeitnehmers aus dem Arbeitsvertrag.

   d) Nennen Sie die Rechte des Arbeitnehmers aus dem Arbeitsvertrag.

6. Herr Michael Schröder wird als Logistik-Sachbearbeiter zum 1. November 20.. eingestellt. Die Eingruppierung erfolgt in die Gehaltsgruppe VII. Füllen Sie den Arbeitsvertrag vollständig aus und unterschreiben Sie den Vertrag als Personalsachbearbeiter/-in (Datum: 19. Oktober 20..).

Anlagen/Arbeitsunterlagen
Manteltarifvertrag
Lohn- und Gehaltstarifvertrag
Vordruck „Arbeitsvertrag"
Auszug aus dem Kündigungsfristengesetz – siehe Anhang

Manteltarifvertrag

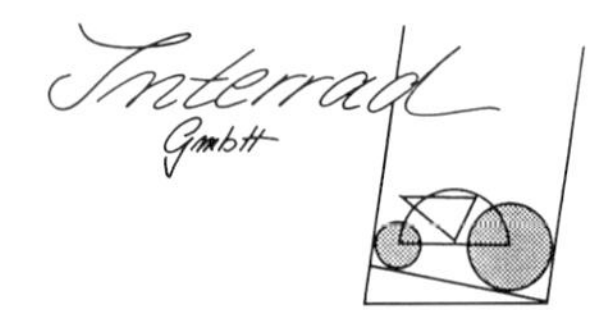

zwischen

der Interrad GmbH, Walliser Straße 125, 28325 Bremen

und

der Industriegewerkschaft Metall, Bezirksleitung Bremen

Gültig ab 1. Oktober 20..

---

§ 1 Geltungsbereich

Dieser Manteltarifvertrag gilt:

1. räumlich für die Interrad GmbH, Bremen,

2. persönlich für alle Betriebsangehörigen, die Mitglied der Industriegewerkschaft Metall sind.

§ 2 Arbeitszeit

1. Die regelmäßige Arbeitszeit ausschließlich der Pausen beträgt ab 1. Oktober 37,5 Stunden in der Woche.

2. Soll für einzelne Arbeitnehmer die individuelle wöchentliche Arbeitszeit auf bis zu 40 Stunden verlängert werden, bedarf dies der Zustimmung des Arbeitnehmers.

3. Für die Arbeitszeit der Jugendlichen gelten die gesetzlichen Bestimmungen.

4. Beginn und Ende der täglichen Arbeitszeit sowie der Pausen werden zwischen der Geschäftsleitung und dem Betriebsrat vereinbart.

5. Kurzarbeit ist zulässig bei einer Produktionseinschränkung, die auf wirtschaftliche Ursachen zurückzuführen ist, mit einer Ankündigungsfrist von 30 Kalendertagen.

6. Am 24. und 31. Dezember endet die Arbeitszeit um 12:00 Uhr. Ein Abzug vom Entgelt für die an diesen beiden Tagen ausgefallene Arbeitszeit erfolgt nicht.

§ 3 Mehrarbeit, Zuschläge

1. Als Mehrarbeit gelten alle Arbeitsstunden, die über die gemäß § 2 Ziffer 1 vereinbarte individuelle tägliche Arbeitszeit hinausgehen.

2. Vereinbarte Vor- und Nachholarbeiten gelten nicht als Mehrarbeit.

3. Mehrarbeit soll vermieden werden. Aus wichtigen Gründen kann Mehrarbeit bis zu 20 Mehrarbeitsstunden im Monat mit dem Betriebsrat vereinbart werden.

---

4. Mehrarbeitszuschläge sind grundsätzlich in Geld zu vergüten. Die ersten 30 Minuten werden nicht bezahlt. Je weitere angefangene halbe Stunde wird mit dem entsprechenden Stundenlohn und Mehrarbeitszuschlag vergütet.

5. Für Mehrarbeit oder Arbeiten an arbeitsfreien Tagen werden folgende Zuschläge gezahlt:

(A) für die ersten beiden Mehrarbeitsstunden an normalen Werktagen (Montag bis Freitag)	25 %
(B) für alle weiteren Mehrarbeitsstunden an normalen Werktagen	40 %
(C) für Arbeiten an einem Sonnabend oder Sonntag	50 %
(D) für Arbeiten an arbeitsfreien gesetzlichen Feiertagen	100 %

§ 4 Erholungsurlaub

1. Der Arbeitnehmer hat in jedem Kalenderjahr Anspruch auf bezahlten Erholungsurlaub.

2. Der Urlaub beträgt jährlich 30 Arbeitstage.

3. Arbeitstage sind alle Kalendertage, an denen der Arbeitnehmer in regelmäßiger Arbeitszeit zu arbeiten hat. Gesetzliche Feiertage, die in den Urlaub fallen, werden nicht als Urlaubstage gerechnet.

4. Der volle Urlaubsanspruch wird erstmalig nach zwölfmonatigem Bestehen des Arbeitsverhältnisses erworben.

5. Während des Urlaubs darf der Arbeitnehmer keine dem Urlaubszweck widersprechende Erwerbstätigkeit leisten.

6. Erkrankt ein Arbeitnehmer während des Urlaubs, so werden die durch ärztliches Zeugnis nachgewiesenen Tage der Arbeitsunfähigkeit auf den Jahresurlaub nicht angerechnet.

§ 5 Arbeitsbefreiung

1. Betriebsangehörige erhalten in unmittelbarem Zusammenhang mit den folgenden Ereignissen Arbeitsbefreiung (Sonderurlaub) unter Fortzahlung des Arbeitsverdienstes:

bei Wohnungswechsel mit eigenem Hausstand	= 1 Tag
bei eigener Eheschließung	= 2 Tage
bei Niederkunft der Ehefrau	= 2 Tage
beim Tod des Ehegatten	= 3 Tage
beim Tod der Eltern, Schwiegereltern oder eines eigenen Kindes	= 2 Tage
bei Teilnahme an der Beerdigung für Geschwister	= 1 Tag

§ 6 Fortzahlung des Entgeltes im Krankheitsfall

Ist der Arbeitnehmer nach Beginn der Beschäftigung unverschuldet an der Arbeitsleistung verhindert, so wird ihm das Bruttoarbeitsentgelt für die Zeit der Arbeitsverhinderung bis zur Dauer von sechs Wochen fortgezahlt.

§ 7 Weihnachtsgratifikation

Betriebsangehörige, deren Arbeitsverhältnis am 31. Oktober des Auszahlungsjahres besteht, erhalten eine Weihnachtsgratifikation in Höhe eines Bruttomonatsentgelts. Es muss jedoch eine ununterbrochene Beschäftigung von mindestens 12 Monaten vorliegen.

§ 8 Vermögenswirksame Leistungen

Jeder Arbeitnehmer erhält nach Maßgabe der Bestimmungen des „Gesetzes zur Förderung der Vermögensbildung der Arbeitnehmer" eine vermögenswirksame Leistung von monatlich 25,00 Euro.

§ 9 Auszubildende

1. Auszubildende im Sinne des § 3 Berufsbildungsgesetz erhalten die im Lohn- und Gehaltstarifvertrag festgelegten Vergütungen.

2. Auszubildende dürfen während ihrer Ausbildung nicht zu Leistungslohnarbeiten herangezogen werden.

§ 10 Probezeit, Kündigung

1. Die Probezeit beträgt 3 Monate. Während dieser Zeit kann das Arbeitsverhältnis beiderseits mit einer Frist von zwei Wochen gekündigt werden.

2. Nach Ablauf der Probezeit beträgt die beiderseitige Kündigungsfrist vier Wochen zum Ende eines Kalendermonats, nach zweijähriger Betriebszugehörigkeit einen Monat zum Ende eines Kalendermonats.

3. Für eine Kündigung durch den Arbeitgeber beträgt die Kündigungsfrist, wenn das Arbeitsverhältnis ununterbrochen

   ```
    5 Jahre bestanden hat  =  3 Monate
    8 Jahre bestanden hat  =  4 Monate
   10 Jahre bestanden hat  =  6 Monate
   12 Jahre bestanden hat  =  8 Monate
   15 Jahre bestanden hat  = 10 Monate
   20 Jahre bestanden hat  = 12 Monate
   ```

   jeweils zum Ende eines Kalendermonats.

   Für eine Kündigung durch den Arbeitnehmer gilt die gesetzliche Kündigungsfrist.

   Beschäftigungszeiten, die vor der Vollendung des 25. Lebensjahres des Arbeitnehmers liegen, werden nicht berücksichtigt.

4. Einem Arbeitnehmer, der das 55., aber noch nicht das 65. Lebensjahr vollendet und eine Betriebszugehörigkeit von mindestens 5 Jahren hat, kann nur noch aus wichtigem Grunde (§ 626 BGB) gekündigt werden.

5. Die Kündigung kann nur schriftlich erfolgen.

6. Der Arbeitnehmer hat bei Beendigung des Arbeitsverhältnisses Anspruch auf eine Bescheinigung über Art und Dauer der ausgeübten Tätigkeit. Auf Wunsch ist ein Zeugnis zu erteilen, das sich auf die Beurteilung von Leistung und Führung erstreckt.

7. Bei Beendigung des Arbeitsverhältnisses erhält der Arbeitnehmer seine Arbeitspapiere gegen Quittung ausgehändigt.

§ 11 Schlussbestimmungen

1. Dieser Tarifvertrag tritt am 1. Oktober 20.. in Kraft. Er kann mit einer Frist von drei Monaten gekündigt werden. Die Kündigung muss schriftlich erfolgen.

2. Günstigere Arbeitsbedingungen, auf die ein Arbeitnehmer durch Betriebsvereinbarungen oder kraft eines besonderen Arbeitsvertrages Anspruch hat, bleiben bestehen.

Lohn- und Gehaltstarifvertrag

zwischen

der Interrad GmbH, Walliser Straße 125, 28325 Bremen

und

der Industriegewerkschaft Metall, Bezirksleitung Bremen

Gültig ab 1. Oktober 20..

---

§ 1 Geltungsbereich

Dieser Lohn- und Gehaltstarifvertrag gilt:

1. räumlich für die Interrad GmbH, Bremen,

2. persönlich für alle Betriebsangehörigen, die Mitglied der Industriegewerkschaft Metall sind.

§ 2 Tariflöhne

	ab 1. Oktober	ab 1. Juni n. J.
Lohngruppe I		
Raumpflegerinnen und Werkstattreiniger:	7,90 €	8,00 €
Lohngruppe II		
Ungelernte Arbeiter, die Arbeiten nach kurzer Einweisung ausführen:	6,00 €	6,10 €
Lohngruppe III		
Angelernte Arbeiter, die Arbeiten ausführen, für die durchschnittlich 8 Monate Anlernzeit erforderlich sind (Kraftfahrer gelten als Angelernte):	9,20 €	9,90 €
Lohngruppe IV		
Gelernte Facharbeiter, die eine abgeschlossene Lehre nachweisen und in dem erlernten oder einem verwandten Fach tätig sind:		
im 1. und 2. Gesellenjahr	8,60 €	8,70 €
im 3. Gesellenjahr	9,50 €	9,70 €
ab 4. Gesellenjahr	10,60 €	10,70 €

§ 3 Wochenlohn

Kraftfahrer, Pförtner, Wachmänner und Boten können einen gleich bleibenden Lohn pro Monat erhalten. Grundlage ist der tarifliche Stundenlohn und die Zahl der regelmäßig durchschnittlich geleisteten Arbeitsstunden im Monat.

---

§ 4 Tarifgehälter

	ab 1. Oktober	ab 1. Juni n. J.
Gehaltsgruppe I (Meister)		
Betriebsmeister; auf den Nachweis der Meisterprüfung kann verzichtet werden:	1.682,00 €	1.724,00 €
Gehaltsgruppe II (Meister)		
Meister mit bestandener Meisterprüfung in einem Handwerksberuf:	2.296,00 €	2.354,00 €
Gehaltsgruppe III (Angestellte)		
Angestellte, die einfache Tätigkeiten ausführen und die keine Vorkenntnisse erfordern:	1.372,00 €	1.406,00 €
Gehaltsgruppe IV (Angestellte)		
Angestellte mit entsprechender betrieblicher Ausbildung, denen die sachgemäße Erledigung genau umrissener Büroaufgaben übertragen ist:	1.528,00 €	1.566,00 €
Gehaltsgruppe V (Angestellte)		
Angestellte mit erfolgreich abgeschlossener Berufsausbildung, denen die selbstständige sachgemäße Erledigung genau umgrenzter Aufgabengebiete übertragen ist:	1.949,00 €	1.998,00 €
Gehaltsgruppe VI (Angestellte)		
Angestellte, die aufgrund besonderer Fachkenntnisse die ihnen übertragenen Aufgaben selbstständig und verantwortlich erledigen:	2.463,00 €	2.525,00 €
Gehaltsgruppe VII (Angestellte)		
Angestellte mit vielseitiger und mehrjähriger Berufserfahrung, die für einen Arbeitsbereich verantwortlich sind und über entsprechende Entscheidungsbefugnis verfügen:	3.032,00 €	3.108,00 €

Die vereinbarten Gehälter sind Mindestgehälter.

§ 5 Auszubildende

1. Die Vergütungen für Auszubildende betragen monatlich:

im 1. Ausbildungsjahr	475,00 €
im 2. Ausbildungsjahr	530,00 €
im 3. Ausbildungsjahr	590,00 €

2. Auszubildende werden nach erfolgreich bestandener Abschlussprüfung für mindestens sechs Monate in ein Arbeitsverhältnis übernommen.

§ 6 Schlussbestimmungen

1. Dieser Tarifvertrag tritt am 1. Oktober 20.. in Kraft und gilt für ein Jahr.

2. Günstigere Arbeitsbedingungen, auf die ein Arbeitnehmer durch Betriebsvereinbarungen oder kraft eines besonderen Arbeitsvertrages Anspruch hat, bleiben bestehen.

Arbeitsvertrag

zwischen

Interrad GmbH, Walliser Straße 125, 28325 Bremen (nachstehend Arbeitgeber genannt)

und

Frau/Herrn ____ (nachstehend Arbeitnehmer genannt),

geb. am ____

zurzeit wohnhaft ____

§ 1 – Tätigkeit

Der Angestellte/die Angestellte wird als ____

zum Dienstantritt am ____________________ angestellt. Die Probezeit beginnt am ____________

und endet am ________________ .

Die Gültigkeit dieses Angestelltenverhältnisses ist davon abhängig, dass spätestens bei Dienstantritt durch den Angestellten ordnungsgemäße Papiere übergeben werden.

§ 2 – Pflichten des Arbeitnehmers

Der Angestellte hat seine ganze Arbeitskraft dem Unternehmen gewissenhaft zu widmen. Jede weitere Berufstätigkeit bedarf der Zustimmung des Arbeitgebers.

Der Angestellte hat über die ihm bekannt gewordenen oder anvertrauten Geschäftsvorgänge Dritten gegenüber Stillschweigen zu bewahren. Dies gilt insbesondere für Kunden- und Lieferantenlisten, Umsatzstatistiken, Bilanzen und Angaben über die finanzielle Lage der Unternehmung.

Der Angestellte verpflichtet sich an Schulungs- bzw. Weiterbildungsmaßnahmen teilzunehmen, soweit der Arbeitgeber diese für notwendig erachtet und die Kosten übernimmt.

Die Annahme irgendwelcher Geschenke oder Vergünstigungen von Lieferanten oder Kunden ist dem Angestellten verboten.

§ 3 – Gehalt/Arbeitszeit

Der Angestellte erhält zum Monatsende ein Gehalt von brutto Euro _____________________ .

Maßgeblicher Tarif ist die Gehaltsgruppe ____________ .

Der Arbeitgeber gewährt eine Weihnachtsgratifikation und Urlaubsgeld gemäß den Vereinbarungen im Manteltarifvertrag.

Die Arbeitszeit wird durch Tarifvertrag geregelt und beträgt zurzeit __________ Stunden wöchentlich.

Der Angestellte ist verpflichtet im Rahmen der gesetzlichen Bestimmungen auf Verlangen des Arbeitgebers Mehrarbeit (Überstunden) zu leisten.

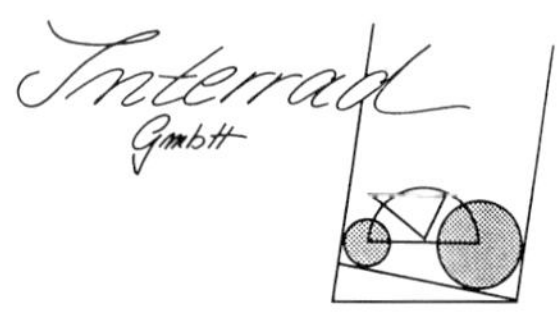

§ 4 – Urlaub

Der Urlaub richtet sich nach den tariflichen Bestimmungen. Der Jahresurlaub für den Angestellten/die

Angestellte beträgt ________________ Arbeitstage.

Die Urlaubszeit hat in Absprache mit dem Arbeitgeber zu erfolgen. Dabei ist auf die Belange des Unternehmens Rücksicht zu nehmen.

§ 5 – Zeugnis

Der Arbeitnehmer hat nach Beendigung des Arbeitsverhältnisses Anspruch auf die Ausstellung eines Zeugnisses über Art und Dauer seiner Beschäftigung sowie seine Führung und Leistung.

§ 6 – Kündigung

Für die Kündigung des Arbeitsverhältnisses nach der Probezeit gilt die im Manteltarifvertrag festgelegte Kündigungsfrist.

Der Arbeitnehmer ist verpflichtet bei seinem Ausscheiden sämtliche Geschäftsunterlagen und Aufzeichnungen, die das Unternehmen betreffen, herauszugeben bzw. zurückzulassen.

§ 7 – Verschiedenes

Der Arbeitnehmer versichert, dass die bei der Bewerbung gemachten Angaben der Wahrheit entsprechen. Falsche Angaben berechtigen den Arbeitgeber zur Kündigung des Vertrages ohne Einhaltung der Kündigungsfrist.

Der Arbeitnehmer verpflichtet sich zur Befolgung der gültigen Betriebsordnung.

Sollte eine der Bestimmungen dieses Vertrages ganz oder teilweise gegen gesetzliche Vorschriften verstoßen, so gilt die entsprechende gesetzliche Regelung.

Die Aufhebung, Änderung und Ergänzung dieses Arbeitsvertrages bedürfen der Schriftform. Mündliche Vereinbarungen sind nichtig.

Arbeitnehmer und Arbeitgeber bestätigen je ein von beiden Parteien unterschriebenes Exemplar dieses Vertrages empfangen zu haben.

___________________________________   ___________________________________
Ort/Datum   Ort/Datum

___________________________________   ___________________________________
Unterschrift des Arbeitgebers   Unterschrift des Arbeitnehmers

Situation

Nach Unterzeichnung des Arbeitsvertrages gibt Herr Michael Schröder noch seine Lohnsteuerkarte ab. Anhand der Bewerbungsunterlagen und des ausgefüllten Personalfragebogens wird in der Personalabteilung eine Personalakte angelegt.

Arbeitsauftrag

1. In die Personalplanungen und die sich daraus ergebenden personellen Maßnahmen muss der Betriebsrat einbezogen werden.

   a) Füllen Sie das Formular „Personelle Beschäftigungsanzeige an den Betriebsrat" im Feld I. und II. aus.

   b) Welches Recht hat der Betriebsrat im Rahmen der Personalplanung (Betriebsverfassungsgesetz)?

2. Melden Sie mit dem Ersatz-Versicherungsnachweis Herrn Michael Schröder bei der Krankenkasse an. Herr Schröder ist bei der DAK versichert.

   Berücksichtigen Sie für die Eintragungen die folgenden Daten:

Versicherungsnummer:	73041074S105
Angaben zur Tätigkeit:	752 (Logistiker) / 45 (Angestellter mit Fachhochschule)
Betriebsnummer:	20123456 (für die Interrad GmbH)
Personalnummer:	199

3. Um einen Überblick über den Jahresurlaub zu haben, wird für jeden Arbeitnehmer ein Urlaubsblatt bei der Interrad GmbH geführt.

   a) Tragen Sie zunächst die Daten von Herrn Michael Schröder in die obere Hälfte auf der linken Seite des Urlaubsblattes ein.

   b) Wie hoch ist der Resturlaub unter Berücksichtigung des bisher gewährten Urlaubs vom vorigen Arbeitgeber? Tragen Sie die Urlaubstage ein.

4. Die Lohnsteuerkarte enthält wichtige Daten für die monatliche Entgeltabrechnung sowie für die Jahreslohnsteuerbescheinigung.

   a) Welche Eintragungen hat die Gemeinde vorgenommen?

   b) Welche Eintragungen hat der bisherige Arbeitgeber von Herrn Michael Schröder vorgenommen?

5. Legen Sie für Herrn Michael Schröder eine Personalstammkarte an. Herr Schröder hat für die Gehaltsüberweisung ein Konto bei der Commerzbank in Bremen (Kontonummer 1006866861, Bankleitzahl 290 400 90).

   a) Tragen Sie mithilfe der Lohnsteuerkarte die „Personenstammdaten" ein. Herr Schröder ist verheiratet und hat die Personalstamm-Nummer 199.

   b) Tragen Sie des Weiteren mithilfe des Arbeitsvertrags die „Betriebsdaten" ein.

6. Ergänzen Sie die Unterlagen auf dem Deckblatt der Personalakte.

7. Die Personalakten enthalten von jedem Mitarbeiter wichtige Informationen. Es ist sicherzustellen, dass nur befugte Personen Zugang zu den Daten haben. Beantworten Sie mithilfe der Gesetzesauszüge des Betriebsverfassungs- und des Bundesdatenschutzgesetzes die folgenden Fragen:

   a) Welches Recht hat ein Arbeitnehmer gegenüber seinem Arbeitgeber in Bezug auf die Personalakte (Betriebsverfassungsgesetz)?

   b) Welche Rechte gewährt das Bundesdatenschutzgesetz einem Arbeitnehmer zum Schutz persönlicher Daten (§ 4 Bundesdatenschutzgesetz)?

   c) Welche Vorkehrungen hat der Arbeitgeber zum Schutz personenbezogener Daten zu treffen (§ 5 Bundesdatenschutzgesetz)?

   d) Welche Regelung enthält das Gesetz in Bezug auf die listenmäßige Übermittlung von Daten (§ 28 Bundesdatenschutzgesetz)?

   e) Welche Unternehmen sind verpflichtet einen betrieblichen Datenschutzbeauftragten zu bestellen (§ 36 Bundesdatenschutzgesetz)?

Anlagen/Arbeitsunterlagen

Formular „Personelle Beschäftigungsanzeige an den Betriebsrat"
Auszug Betriebsverfassungsgesetz – siehe Anhang
Meldung zur Sozialversicherung
Urlaubsblatt
Urlaubsbescheinigung
Lohnsteuerkarte
Personalstammkartei
Arbeitsvertrag * – Seite 77 und 78
Deckblatt „Personalakte"
Auszug Bundesdatenschutzgesetz – siehe Anhang

Personelle Beschäftigungs-Veränderungsanzeige

an den Betriebsrat gemäß §§ 99 und 102 des Betriebsverfassungsgesetzes

I Angaben zur Person

Name: Vorname: Geburtsdatum:

erlernter Beruf: ausgeübter Beruf:

letzte Firma: Tätigkeit von: bis:

Austrittsgrund:

II Mitbestimmung bei personellen Einzelmaßnahmen (§ 99)

Einstellung * vorgesehene Tätigkeit ab als

Abteilung Neueinstellung Ersatzeinstellung für

unbefristet befristet bis Probezeit von bis

Eingruppierung zum Lohnempfänger Angestellter Umschulung Ausbildung

Tarif Gruppe außertariflich als leitende(r) Angestellte(r)

Umgruppierung zum bisherige Tarifgruppe künftige Tarifgruppe

Begründung

Versetzung in die Abteilung zum als

Begründung

III Mitbestimmung bei Kündigungen (§ 102)

Kündigung fristgerecht zum fristlos zum

Begründung

IV Stellungnahme des Betriebsrates

Keine Bedenken Bedenken Widerspruch

_______________________________ _______________________________
Datum Unterschrift Betriebsrat

* Bewerbungsunterlagen sind als Anlage beigefügt.

  3223 Abraham/Nemeth/Schalk, Interrad GmbH – Lernfeld Personalwirtschaft

Meldung zur Sozialversicherung

10 Belegart

Beim Ausfüllen mit der Schreibmaschine können Sie fortlaufend schreiben; Sie brauchen die Kästchen dabei nicht zu beachten!

Wichtiger Hinweis bei der erstmaligen Erhebung von Daten:
Die hiermit angeforderten personenbezogenen Daten werden unter Beachtung des Bundesdatenschutzgesetzes erhoben; ihre Kenntnis ist zur Durchführung des Meldeverfahrens nach Maßgabe des Vierten Buches Sozialgesetzbuches sowie der Datenerfassung- und Übermittlungs-Verordnung erforderlich.

* Hinweise siehe Rückseite

Versicherungsnummer

Personalnummer (freiwillige Angabe)

Name, Vorsatzwort, Namenszusatz, Titel (Trennung durch Kommata)

Vorname

Straße und Hausnummer *(Anschrift nur bei Anmeldung und Anschriftenänderung)*

(Land) Postleitzahl Wohnort

Grund der Abgabe **Kontrollmeldung** **Sofortmeldung** **Namensänderung** **Änderung der Staatsangehörigkeit**

Beschäftigungszeit

von bis Betriebs-Nr. des Arbeitgebers Personen-gruppe* Betriebsstätte Ost West

Beitragsgruppen* KV RV LVA PV Angaben zur Tätigkeit Schlüssel der Staatsangehörigkeit*

Beitragspflichtiges Bruttoarbeitsentgelt (in Euro ohne Cent)

Stornierung einer bereits abgegebenen Meldung

Es wurde gemeldet: **Grund der Abgabe**

von bis Betriebs-Nr. des Arbeitgebers Personen-gruppe* Betriebsstätte Ost West

Beitragsgruppen* KV RV LVA PV Angaben zur Tätigkeit Schlüssel der Staatsangehörigkeit*

Beitragspflichtiges Bruttoarbeitsentgelt (in Euro ohne Cent)

Namenänderung *(bisheriger Name)*

Name, Vorsatzwort, Namenszusatz, Titel (Trennung durch Kommata)

Vorname

Änderung der Staatsangehörigkeit

Schlüssel der **neuen** Staatsangeörigkeit*

Wenn keine Versicherungsnummer angegeben werden kann:

Geburtsname Geburtsort

Geburtsdatum **Geschlecht** männlich weiblich Schlüssel der Staatsangehörigkeit*

Nur bei erstmaliger Aufnahme einer Beschäftigung von nichtdeutschen Bürgern des Europäischen Wirtschaftsraumes:

Geburtsland (Schlüssel der Staatsangehörigkeit)* Versicherungsnummer des Staatsangehörigkeitslandes

Name der Krankenkasse (Geschäftsstelle)
AOK   BKK   IKK   EK   LKK   See-KK   BKN

Datum, Name, Anschrift de Arbeitgebers
Firmenstempel

Bei Krankenkasse einreichen

Grund der Abgabe in den Meldungen nach der DEÜV

Anmeldungen

10 Anmeldung wegen Beginn einer Beschäftigung
11 Anmeldung wegen Krankenkassenwechsel
12 Anmeldung wegen Beitragsgruppenwechsel
13 Anmeldung wegen sonstiger Gründe/
Änderungen im Beschäftigungsverhältnis
z. B.
– Anmeldung nach unbezahltem Urlaub
oder Streik von mehr als einem Monat nach
§ 7 Abs. 3 Satz 1 SGB IV
– Anmeldung wegen Rechtskreiswechsel
ohne Krankenkassenwechsel
– Anmeldung wegen Wechsel des Entgelt-
abrechnungssystems (optional)
– Anmeldung wegen Änderung des Personen-
gruppenschlüssels ohne Beitragsgruppenwechsel

Abmeldungen

30 Abmeldung wegen Ende einer Beschäftigung
31 Abmeldung wegen Krankenkassenwechsel
32 Abmeldung wegen Beitragsgruppenwechsel
33 Abmeldung wegen sonstiger Gründe/
Änderungen im Beschäftigungsverhältnis
34 Abmeldung wegen Ende einer sozialversiche-
rungsrechtlichen Beschäftigung nach einer
Unterbrechung von länger als einem Monat
35 Abmeldung wegen Arbeitskampf von länger
als einem Monat
36 Abmeldung wegen Wechsel des Entgelt-
abrechnungssystems (optional)
40 Gleichzeitige An- und Abmeldung wegen
Ende der Beschäftigung
49 Abmeldung Tod

Jahresmeldung/Unterbrechungs-meldungen/sonstige Entgeltmeldungen

50 Jahresmeldung
51 Unterbrechungsmeldung wegen Bezug von
bzw. Anspruch auf Entgeltersatzleistungen
52 Unterbrechungsmeldung wegen
Erziehungsurlaub
53 Unterbrechungsmeldung wegen
gesetzlicher Dienstpflicht
54 Meldung eines einmalig gezahlten
Arbeitsentgelts (Sondermeldung)

Meldungen in Insolvenzfällen

70 Jahresmeldung für freigestellte Arbeitnehmer
71 Meldung des Vortages der Insolvenz/
der Freistellung
72 Entgeltmeldung zum rechtlichen Ende
der Beschäftigung

Personengruppen in den Meldungen nach der DEÜV

101 Sozialversicherungspflichtig Beschäftigte
ohne besondere Merkmale
102 Auszubildende
103 Beschäftigte in Altersteilzeit
104 Hausgewerbetreibende
105 Praktikanten
106 Werkstudenten
107 Personen in Einrichtungen der
Jugendhilfe oder in Werkstätten
für Behinderte
108 Bezieher von Ruhestandsgeld
109 Geringfügig entlohnte Beschäftigte
nach § 8 Abs. 1 Nr. 1 SGB IV
110 Kurzfristig Beschäftigte nach
§ 8 Abs. 1 Nr. 2 SGB IV

111 Personen in berufsfördernden Maßnahmen
zur Rehabilitation
112 Mitarbeitende Familienangehörige
in der Landwirtschaft
113 Nebenerwerbslandwirte
114 Nebenerwerbslandwirte –
saisonal beschäftigt
116 Ausgleichsgeldempfänger
nach dem FELEG
118 Unständig Beschäftigte
119 Versicherungsfreie Altersvollrentner
und Versorgungsbezieher wegen Alters
120 Personen, bei denen eine Beschäftigung
vermutet wird (§7 Abs. 4 SGB IV)

Häufige Staatsangehörigkeit

deutsch	000		
ägyptisch	287	luxemburgisch	143
amerikanisch	368	marokkanisch	252
äthiopisch	225	niederländisch	148
belgisch	124	norwegisch	149
britisch	168	österreichisch	151
dänisch	126	pakistanisch	461
finnisch	128	polnisch	152
französisch	129	portugiesisch	153
ghanaisch	238	rumänisch	154
griechisch	134	schwedisch	157
indisch	436	schweizerisch	158
iranisch	439	spanisch	161
irisch	135	thailändisch	476
isländisch	136	tschechisch	164
italienisch	137	tunesisch	285
japanisch	442	türkisch	163
jugoslawisch	138	ungarisch	165
libanesisch	451	vietnamesisch	432

Beitragsgruppen in den Meldungen nach der DEÜV

Die Beitragsgruppen sind so verschlüsselt, dass für jeden Beschäftigten in der Reihenfolge:
Krankenversicherung, Rentenversicherung, Arbeitslosenversicherung und Pflegeversicherung,
die jeweils zutreffende Ziffer anzugeben ist.

Krankenversicherung (KV)

0 kein Beitrag
1 allgemeiner Beitrag
2 erhöhter Beitrag
3 ermäßigter Beitrag
4 Beitrag zur landwirtschaftlichen KV
5 Arbeitgeberbeitrag zur landwirtschaftlichen KV
6 Pauschalbeitrag für geringfügig
Beschäftigte

freiwillige Krankenversicherung
9 Firmenzahler

Rentenversicherung (RV)

0 kein Beitrag
1 voller Beitrag zur ArV
2 voller Beitrag zur AnV
3 halber Beitrag zur ArV
4 halber Beitrag zur AnV
5 Pauschalbeitrag zur ArV
für geringfügig Beschäftigte
6 Pauschalbeitrag zur AnV
für geringfügig Beschäftigte

Arbeitslosenversicherung (ALV)

0 kein Beitrag
1 voller Beitrag
2 halber Beitrag

Pflegeversicherung (PV)

0 kein Beitrag
1 voller Beitrag
2 halber Beitrag

Bremer Motorenfabrik AG
Stresemannstraße 4
28207 Bremen

Urlaubsbescheinigung

Herrn/Frau: *Michael Schröder*

geboren am: *4. Oktober 1974*

Anschrift: *Scharnhorststraße 88, 28211 Bremen*

Beschäftigungsdauer vom: *20..-01-01*

bis: *20..-10-31*

Der Urlaubsanspruch beträgt im Kalenderjahr
gemäß Arbeitsvertrag/Bundesurlaubsgesetz/Tarifvertrag: Tage   *30*

Von dem Urlaubsanspruch sind im Kalenderjahr abgegolten: Tage   *20*

Es verbleibt ein Anspruch auf Resturlaub: Tage   *10*

Bremen, 20..-10-29   *Ebeling*

     Ort, Datum   Unterschrift

Bremer Motorenfabrik AG   **Telefon/Fax/E-Mail:**   **Bremer Landesbank**
Stresemannstraße 4   Telefon: 0421 484544   Konto-Nr. 205 456 5090 • BLZ 290 500 00
28207 Bremen   Fax: 0421 484545   **Bankhaus Neelmeyer**
www.bmf-wvd.de   E-Mail: info@bmf-wvd.de   Konto-Nr. 66448891 • BLZ 290 200 00

© Winklers   3223 Abraham/Nemeth/Schalk, Interrad GmbH – Lernfeld Personalwirtschaft

Urlaubsblatt 20..

Name:	Urlaubsanspruch für das lfd. Jahr	Tage
Vorname:	Resturlaub aus dem Vorjahr	Tage
Straße:	Sonderurlaub	Tage
PLZ, Wohnort:	Zusatzurlaub für Schwerbehinderung	Tage
geb. am:	Zusatzurlaub für Betriebszugehörigkeit	Tage
Personalnummer:	**Gesamturlaubsanspruch für 20..**	Tage
Eintritt:		
Tätigkeit:	• beanspruchter Urlaub	Tage
Abteilung:	• ausbezahlter Urlaub	Tage
	Resturlaub	Tage

Monat	1	2	3	4	5	6	7	8	9	10	11	12	13	14	15	16	17	18	19	20	21	22	23	24	25	26	27	28	29	30	31	Url.-tage U	Krank-tage K	Unfall-tage X	Fehl-tage F	Arb.-tage A
Januar																																				
Februar																																				
März																																				
April																																				
Mai																																				
Juni																																				
Juli																																				
August																																				
September																																				
Oktober																																				
November																																				
Dezember																																				

3223 Abraham/Nemeth/Schalk, Interrad GmbH – Lernfeld Personalwirtschaft

Alle Eintragungen in der Lohnsteuerkarte genau prüfen!
Lesen Sie die Informationsschrift "Lohnsteuer 20.."

Ordnungsmerkmale des Arbeitgebers

Lohnsteuerkarte 20..

Gemeinde		97154911
Stadtgemeinde Bremen	04 012 00	424-02

Finanzamt und Nr.
28195 Bremen-West   Nr. 2572

Geburtsdatum
04.10.1970

I. Allgemeine Besteuerungsmerkmale

Steuer-klasse	Kinder unter 18 Jahren: Zahl der Kinderfreibeträge
drei	2,0

Michael Schröder
Scharnhorststraße 88
28211 Bremen

Kirchensteuerabzug

ev

(Datum)

20. Sept. 20..

(Gemeindebehörde)
Freie Hansestadt Bremen
Stadtamt Bremen

II. Änderungen der Eintragungen im Abschnitt!

Steuerklasse	Zahl der Kinder-freibeträge	Kirchensteuerabzug	Diese Eintragung gilt, wenn sie nicht widerrufen wird:	Datum, Stempel und Unterschrift der Behörde
			vom 20.. an bis zum 20..-12-31	i. A.
			vom 20.. an bis zum 20..-12-31	i. A.

III. Für die Berechnung der Lohnsteuer sind vom Arbeitslohn als steuerfrei **abzuziehen**:

Jahresbetrag Euro	monatlich Euro	wöchentlich Euro	täglich Euro	Diese Eintragung gilt, wenn sie nicht widerrufen wird:	Datum, Stempel und Unterschrift der Behörde
				vom 20.. an	
in Buch-staben -tausend			Zehner und Einer wie oben -hundert	bis zum 20..-12-31	i. A.
				20.. an	
in Buch-staben -tausend			Zehner und Einer wie oben -hundert	bis zum 20..-12-31	i. A.

IV. Für die Berechnung der Lohnsteuer sind vom Arbeitslohn als steuerfrei **hinzurechnen**:

Jahresbetrag Euro	monatlich Euro	wöchentlich Euro	täglich Euro	Diese Eintragung gilt, wenn sie nicht widerrufen wird:	Datum, Stempel und Unterschrift der Behörde
				20.. an	
in Buch-staben -tausend			Zehner und Einer wie oben -hundert	bis zum 20..-12-31	i. A.

IV. Lohnsteuerbescheinigung für das Kalenderjahr 20.. und besondere Angaben

	vom – bis		vom – bis		vom – bis	
1. Dauer des Dienstverhältnisses	01.01. – 31.10.20..					
2. Zeiträume ohne Anspruch auf Arbeitslohn	Anzahl "U"		Anzahl "U"		Anzahl "U"	
	Euro	t	Euro	t	Euro	t
3. Bruttoarbeitslohn einschließl. Sachbezüge ohne 9. bis 10.	>>>>32.450,	00				
4. Einbehaltene Lohnsteuer von 3.	>>>>>5.498,	00				
5. Einbehaltener Solidaritätszuschlag von 3.	>>>>>>>302,	40				
6. Einbehaltene Kirchensteuer des Arbeitnehmers von 3.	>>>>>>>494,	80				
7. Einbehaltene Kirchensteuer des Ehegatten von 3. (nur bei konfessionsverschiedener Ehe)						
8. In 3. enthaltene steuerbegünstigte Versorgungsbezüge						
9. Steuerbegünstigte Versorgungsbezüge für mehrere Kalenderjahre						
10. Ermäßigt besteuerter Arbeitslohn für mehrere Kalenderjahre (ohne 9.) und ermäßigt besteuerte Entschädigungen						
11. Einbehaltene Lohnsteuer von 9. bis 10.						
12. Einbehaltener Solidaritätszuschlag von 9. Und 10.						
13. Einbehaltene Kirchensteuer des Arbeitnehmers von 9. bis 10.						
14. Einbehaltene Kirchensteuer des Ehegatten von 9. bis 10. (nur bei konfessionsverschiedener Ehe)						
15. Kurzarbeitergeld, Winterausfallgeld, Zuschuss zum Mutterschaftsgeld, Verdienstausfallentschädigung (Infektionsschutzgesetz), Aufstockungsbetrag und Altersteilzeitzuschlag						
16. Steuerfreier Arbeitslohn — Doppelbesteuerungsabkommen / Auslandstätigkeitserlass						
17. Steuerfreie Arbeitgeberleistungen für Fahrten zwischen Wohnung und Arbeitsstätte						
18. Pauschalbesteuerte Arbeitgeberleistungen für Fahrten zwischen Wohnung und Arbeitsstätte						
19. Steuerfreie Beiträge des Arbeitgebers an eine Pensionskasse oder einen Pensionsfonds						
20. Steuerpflichtige Entschädigungen und Arbeits-lohn für mehrere Kalenderjahre, die nicht ermäßigt besteuert wurden – in 3. enthalten						
21. Steuerfreie Verpflegungszuschüsse bei Auswärtstätigkeit						
22. Steuerfreie Arbeitgeberleistungen bei doppelter Haushaltsführung						
23. Steuerfreie Arbeitgeberzuschüsse zur freiwilligen Krankenversicherung und zur Pflegeversicherung	–		–		–	
24. Arbeitgeberanteil am Gesamt-sozialversicherungsbeitrag	>>>>>6.501,	00				
25. Ausgezahltes Kindergeld	>>>>>3.696,	00				

Um Rücktragen zu vermeiden, wird die Ausfüllung empfohlen.

Anschrift des Arbeitgebers (lohnsteuerliche Betriebsstätte) Firmenstempel, Unterschrift;	BMF Stresemannstraße 4 28207 Bremen *Wolf*
Finanzamt, an das der Arbeitgeber die Lohnsteuer abgeführt hat **(Name und dessen vierstellige Nr.)**	

Dateneingabe Personalstammdatei (Personalstammkarte)

Personenstammdaten

Personalstammnummer	Nachname	Vorname
Straße	Postleitzahl	Wohnort
Vorwahl / Rufnummer	Geburtsdatum	Geburtsort
Staatsangehörigkeit	Religionszugehörigkeit	Familienstand
Anzahl der Kinder (Kindergeld)	Steuerklasse / Kinderfreibeträge	Sonstige Freibeträge
Bankverbindung	Bankleitzahl (BLZ)	Kontonummer
Krankenkasse	Sozialversicherungsnummer	Anmeldedatum
Bankverbindung VWL	BLZ VWL	Konto-Nr. VWL
Vertragsnummer	Zuschuss AG	Sparsumme monatlich

Betriebsdaten

Personalstammnummer	Nachname	Vorname
Abteilung	Stelle	Tätigkeit
Status	Datum Eintritt	Datum Austritt
Gehaltsgruppe	Lohngruppe	Erläuterungen
Gehalt	Stundenlohn	Akkordlohn
Urlaub	Freistellungen/Sonderurlaub	Begründung

Bemerkungen 1

Bemerkungen 2

Personalakte

Name:	Schröder	**Vorname:**	Michael
Personalnummer:	199	**Eintrittsdatum:**	20..-11-01

Enthaltene Unterlagen:

1. Bewerbungsschreiben
2. Lebenslauf mit Foto
3. Diplom-Urkunde
4. Arbeitszeugnis
5. Arbeitsvertrag
6.
7.
8.
9.
10.
11.
12.
13.
14.
15.
16.
17.
18.
19.
20.

3223 Abraham/Nemeth/Schalk, Interrad GmbH – Lernfeld Personalwirtschaft

Situation

Sie sind als Personalsachbearbeiter/-in der Interrad GmbH für die Personalverwaltung zuständig. Die Personalverwaltung hat für Anfragen und Änderungsmitteilungen zur Lohn- und Gehaltsabrechnung Sprechzeiten eingerichtet.

In der heutigen Sprechstunde steht der Themenkreis Steuern im Vordergrund. Bei einer Reihe von Mitarbeiter/-innen haben sich die Daten auf der Steuerkarte geändert. Die Informationen für die Aufgabe liefern der Leitfaden zur Lohn- und Einkommensteuer und die Auszüge der Monatslohnsteuertabelle.

Arbeitsauftrag

1. Die Spalte „Bemerkungen" auf dem Auszug der Personalstammdatei zeigt die Änderungen. Tragen Sie die fehlenden Daten ein.

   a) Aktualisieren Sie für die betroffenen Personen Familienstand und Adresse.

   b) Bestimmen Sie für alle Mitarbeiter/-innen die Steuerklasse (Punkt 2 Leitfaden).

   c) Ermitteln Sie für die betroffenen Personen die steuerlich zu berücksichtigende Anzahl der Kinderfreibeträge (Punkt 4 Leitfaden).

   d) Errechnen Sie für alle Mitarbeiter/-innen den Kindergeldbetrag (Punkt 3. Leitfaden).

2. Die Auszubildende Nina Gehrmann bittet Sie um Hilfe bei der Lösung einer Hausaufgabe für die Berufsschule. Bearbeiten Sie die folgenden Beispiele:

   a) Bestimmen Sie für einen Bruttolohn von 2.260,00 € unter Berücksichtigung von einem Kinderfreibetrag bei verschiedenen Lohnsteuerklassen die Höhe der Lohnsteuer, des Solidaritätszuschlages und der Kirchensteuer (Punkte 6 und 8 Leitfaden).

Steuerklasse	Lohnsteuer	Solidaritätszuschlag	Kirchensteuer 9 %
I			
II			
III			
IV			
V			
VI			

Da sich der Geschäftssitz der Interrad GmbH in Bremen befindet, wird beim Abzug der Kirchensteuer der Prozentsatz für dieses Bundesland angewandt.

2. b) Ermitteln Sie bei Einstufung in die Steuerklasse II für verschiedene Kinderfreibeträge die Höhe des Solidaritätszuschlages für einen Bruttolohn von 2.260,00 € (Punkte 5 und 8 Leitfaden).

Anzahl der Kinderfreibeträge						
0	0,5	1	1,5	2	2,5	3

Ab 3,5 Kinderfreibeträgen gelten besondere Monatssteuertabellen.

3. Die Mitarbeiterin Ayla Tuglaci, die erst kürzlich geheiratet hat, spielt mit dem Gedanken zukünftig nur noch einer 3/4-Beschäftigung nachzugehen. Ihr Bruttogehalt würde dann 1.400,00 € monatlich betragen. Ihr Ehemann verdient zurzeit 2.260,00 € brutto im Monat (Punkte 2 und 8 Leitfaden).

   a) Welche Steuerklassen-Wahlmöglichkeiten bestehen für das Ehepaar?

   b) Bestimmen Sie rechnerisch für das kinderlose Ehepaar die günstigste Steuerklassenkombination.

4. Erläutern Sie den gültigen Steuertarif:

   a) Wie hoch ist der aktuelle Eingangs- und Spitzensteuersatz (Punkt 7 Leitfaden)?

   b) Welche Einflussgrößen bestimmen die Höhe der Lohn- und Einkommensteuer (Punkte 1, 2, 7 und 8)?

   c) Welche Wirkung hat ein Freibetrag auf das zu versteuernde Einkommen (Punkt 8)?

   d) Warum hat der Gesetzgeber unterschiedliche Steuerklassen geschaffen und warum werden Kinder bei der Steuerberechnung berücksichtigt?

5. Im Rahmen Ihrer Tätigkeit erhalten Sie von den Mitarbeiter/-innen u. a. Anfragen zu dem Bereich Steuern. Bearbeiten Sie die folgenden Fälle.

   a) Der britische Staatsbürger David Black lebt ständig in Bremen und ist bei der Interrad GmbH als Fahrer beschäftigt. Er ist der Meinung, dass er als Ausländer in Deutschland keine Steuern zu zahlen brauche (Punkt 1 Leitfaden).

   b) Der Auszubildende Rudi Steinbach wünscht eine Auskunft über den Unterschied zwischen Lohn- und Einkommensteuer (Punkt 1 Leitfaden).

   c) Die Auszubildende Maike Müller möchte wissen, welchem Zweck der Solidaritätszuschlag dient (Punkt 5 Leitfaden).

5. d) Der neue Mitarbeiter Bekim Jellic stammt aus Bosnien, wohnt ständig in Bremen und gehört der muslimischen Religion an (Punkt 6 Leitfaden).

- Wie hoch ist der Kirchensteuersatz im Bundesland Bremen?
- Ermitteln Sie den Kirchensteuersatz in Ihrem Bundesland.
- Begründen Sie, ob Herr Jellic Kirchensteuer zahlen muss?

Exkurs

6. Beschreiben Sie die Grafiken „Steuertöpfe der Nation" und „Steuerspirale" (Punkt 1 Leitfaden).

7. Der Zweiradmechaniker Herbert Bauer konfrontiert Sie mit der folgenden Frage: „Was macht eigentlich Vater Staat mit den vielen Steuern, die mir von meinem Lohn abgezogen werden?"

   a) Nennen Sie jeweils die drei größten Einnahme- und Ausgabeposten des Staates (Punkt 1 Leitfaden).

   b) Der Staat ist seit Jahren unterfinanziert, d. h., die Ausgaben sind höher als die Einnahmen. Die Differenz wird mit Krediten ausgeglichen. Dadurch wird die Staatsverschuldung weiter erhöht. Welche Ausgaben würden Sie kürzen oder welche Steuern würden Sie erhöhen? Begründen Sie Ihre Ausführungen.

   c) Wirtschaftskreise sehen besonders in zu hohen Steuern ein Investitionshemmnis. Andererseits benötigt der Staat zur Finanzierung seiner Aufgaben Einnahmen. Nehmen Sie zu dem Problemkreis Stellung.

8. Die Mehrwertsteuer (Umsatzsteuer) gehört zu den indirekten Steuern. In der Politik wird über eine Erhöhung der Mehrwertsteuer bei gleichzeitiger Senkung der Lohn- und Einkommensteuer nachgedacht.

   a) Erklären Sie den Unterschied zwischen direkten und indirekten Steuern (Punkt 1 Leitfaden).

   b) Erläutern Sie, welche Auswirkungen diese Maßnahmen jeweils auf den Lebensstandard von Gering- und Besserverdienern hätte.

Anlagen/Arbeitsunterlagen
Auszug Personalstammdatei der Interrad GmbH
Leitfaden Lohn- und Einkommensteuer
Auszug Monatslohnsteuertabelle (2 Seiten)

Auszug PERSONALSTAMMDATEI

Stamm-nummer	Nachname	Vorname	Straße Hausnummer	Postleit-zahl	Wohnort	Staatsan-gehörigkeit	Kon-fession	Familien-stand	Steuer-klasse	Kinder		
										Anzahl Freibeträge	Anzahl Kindergeld	Euro Kindergeld
001	Engel	Heinz	Im Grunde 11	28865	Lilienthal	Deutsch	–	verheiratet		3,0	3	
002	Forsberg	Britt			Bremen	Deutsch	LT					
003	Fricke	Michael	Lausanner Str. 4	28325	Bremen	Deutsch	LT	ledig		0,0	0	
004	Kramer	Ursula	Gaußstr. 45	28865	Lilienthal	Deutsch	LT	verheiratet			0	
005	Schikowski	Klaus	Sudwalder Str. 89	28307	Bremen	Deutsch	RK	verheiratet				
006	Schwarz	Agnes	Rilkeweg 4	28359	Bremen	Deutsch	LT			0,0	0	
007	Yavus	Naziye	Graubündener Str. 76	28325	Bremen	Türkisch	–	verheiratet				
*												

Änderungen PERSONALSTAMMDATEI

Stamm-nummer	Nachname	Vorname	Bemerkungen
001	Engel	Heinz	Ehefrau hat die Steuerklasse gewechselt. Sie ist jetzt in die Steuerklasse V eingeordnet.
002	Forsberg	Britt	wurde geschieden, lebt nun dauernd getrennt, nur ein Kind bei ihr gemeldet, Kindergeld/Kinderfreibeträge erhält sie neue Anschrift: Ostendorpstraße 256, 28203 Bremen
003	Fricke	Michael	neuer Mitarbeiter im Lager
004	Kramer	Ursula	Sie ist als Putzhilfe neu eingestellt worden. Es ist ihr zweites Arbeitsverhältnis.
005	Schikowski	Klaus	Kinder Mario (14), Monika (17), arol (21) — arol hat die Berufsausbildung beendet, Ehefrau nicht berufstätig
006	Schwarz	Agnes	hat geheiratet, Ehemann verdient in etwa genauso viel wie sie
007	Yavus	Naziye	Gehalt des Ehemanns ist doppelt so hoch, keine Kinder
*			

Leitfaden

Lohn- und Einkommensteuer

Liebe Mitarbeiterinnen, liebe Mitarbeiter,

dieser Leitfaden soll eine Hilfe sein bei der Ermittlung der Steuern in Lohn- und Gehaltsabrechnungen, soll Sie aber auch in die Lage versetzen kompetent alle Fragen von Mitarbeitern zu beantworten.

1. Allgemeines

Bund, Länder und Gemeinden erheben Steuern, um ihre vielfältigen Aufgaben erfüllen zu können. Die beiden Grafiken auf dieser Seite zeigen Ihnen die Einnahmen des Staates.

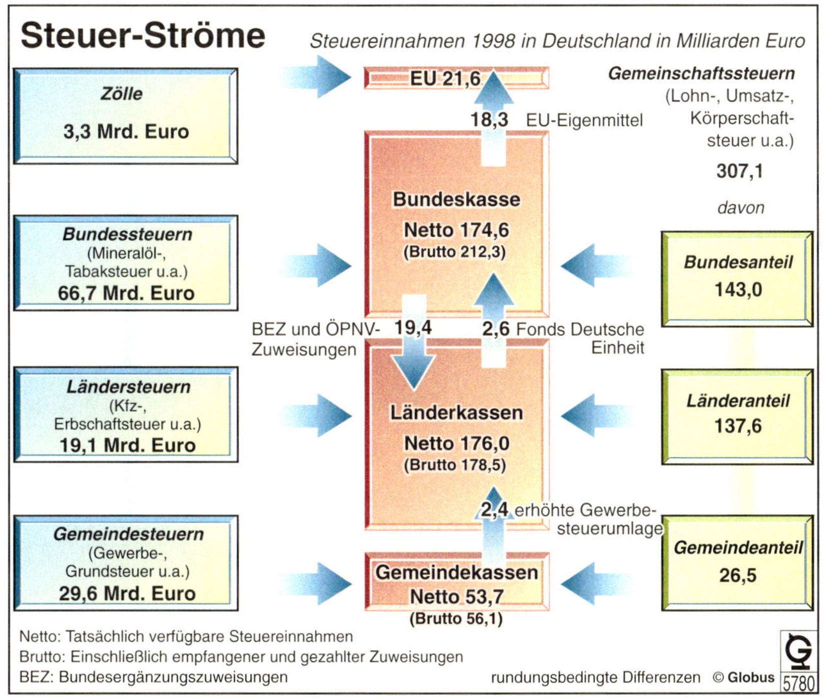

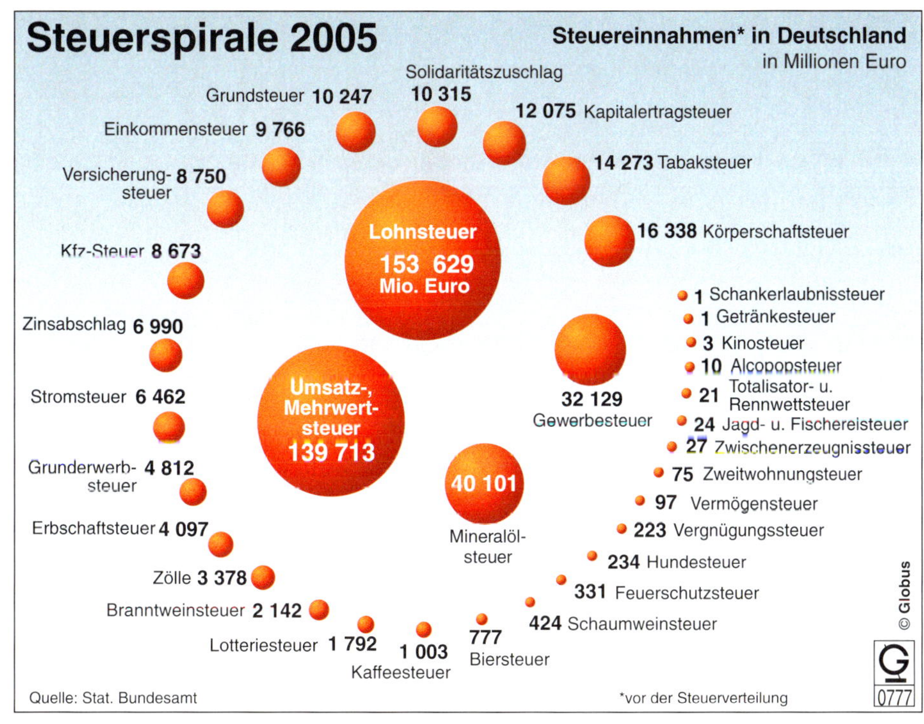

Leitfaden

Lohn- und Einkommensteuer

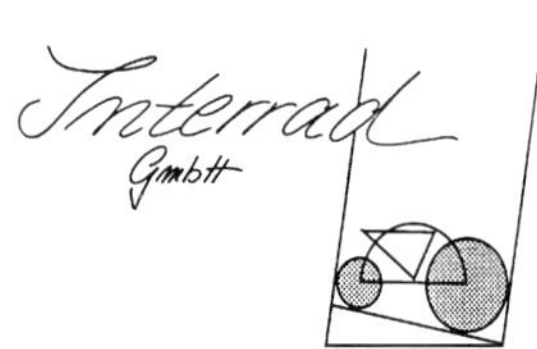

Die Staatsausgaben von Bund, Ländern und Gemeinden zeigt die folgende Tabelle.

Aufgabenbereiche	Anteil an den Gesamtausgaben 2002
Soziale Sicherung	46,2 %
Allgemeine öffentliche Verwaltung*	12,9 %
Gesundheitswesen	13,2 %
Bildungswesen	8,6 %
Wirtschaftliche Angelegenheiten	8,2 %
Verteidigung	2,6 %
Öffentliche Ordnung und Sicherheit	3,3 %
Wohnungswesen und kommunale Einrichtungen	2,3 %
Freizeitgestaltung, Sport, Kultur und Religion	1,5 %
Umweltschutz	1,2 %
Summe	100,0 %

* In diesem Posten sind u. a. die Zinszahlungen für die Staatsverschuldung enthalten.

Quellen: Bundesverband Deutscher Banken, 2004; Eurostat 2004, Statistisches Bundesamt, 2005

Die Einkommensteuer zählt zu den direkten Steuern, d. h., sie wird im Gegensatz zu den indirekten Steuern unmittelbar vom Einkommen abgezogen. Alle natürlichen Personen mit Wohnsitz im Inland (vgl. § 1 Einkommensteuergesetz) sind steuerpflichtig.

Die Besteuerungsgrundlage ist das Jahreseinkommen. Bei Einkünften aus nicht selbstständiger Arbeit wird Einkommensteuer durch Abzug vom Arbeitslohn erhoben. Diese Art der Einkommensteuer wird als Lohnsteuer bezeichnet. Die Höhe der Lohnsteuer richtet sich nach der Höhe des Verdienstes, der Steuerklasse und den Freibeträgen (vgl. § 38 f. Einkommensteuergesetz).

2. Die Steuerklassen

Ein Teil des Einkommens bleibt unbesteuert. Dieser unbesteuerte Teil wird Grundfreibetrag genannt. Die Höhe des Grundfreibetrags orientiert sich am Existenzminimum. Neben dem Grundfreibetrag werden Arbeitnehmern eine Reihe von weiteren Frei- und Pauschalbeträgen gewährt, die sich nach ihren persönlichen und familiären Bedingungen richten. Diese Freibeträge mindern ebenfalls das zu versteuernde Einkommen. Die verschiedenen Steuerklassen berücksichtigen diesen Umstand, d. h., die Steuerbelastung ist bei gleichem Bruttoeinkommen in den einzelnen Steuerklassen unterschiedlich. Jeder Steuerpflichtige wird in eine der sechs Steuerklassen eingeordnet.

Leitfaden

Lohn- und Einkommensteuer

Übersicht Steuerklassen

Steuerklasse I   gilt für ledige und geschiedene Arbeitnehmer sowie für verheiratete Arbeitnehmer, deren Ehegatte im Ausland wohnt oder die von ihrem Ehegatten dauernd getrennt leben.

Steuerklasse II   gilt für die in Steuerklasse I genannten Arbeitnehmer, wenn auf der Lohnsteuerkarte die Zahl der Kinder mindestens mit 1 eingetragen ist, z. B. bei allein Erziehenden.

Steuerklasse III   gilt für verheiratete Arbeitnehmer, wenn beide Ehegatten nicht dauernd getrennt leben und der Ehegatte des Arbeitnehmers keinen Arbeitslohn bezieht oder die Steuerklasse V wählt.

Steuerklasse IV   gilt für verheiratete Arbeitnehmer, wenn beide Ehegatten Arbeitslohn beziehen und nicht dauernd getrennt leben.

Steuerklasse V   tritt für einen der Ehegatten an die Stelle der Steuerklasse IV, wenn der andere Ehegatte in die Steuerklasse III eingereiht wird.

Steuerklasse VI   gilt für Arbeitnehmer, die von mehreren Arbeitgebern gleichzeitig Arbeitslohn beziehen. Auf die zweite und jede weitere Lohnsteuerkarte wird die Steuerklasse VI eingetragen.

Steuerklassenwahl für Ehepaare:

Bezieht auch der Ehegatte Arbeitslohn, dann werden in der Regel beide gemeinsam nach dem Splitting-Tarif besteuert, weil das für sie günstiger ist. Die Arbeitslöhne beider Ehegatten können erst nach Ablauf des Jahres zusammengeführt werden. Erst dann ergibt sich die zutreffende Jahressteuer. Um dem Jahresergebnis möglichst nahe zu kommen, stehen den Ehegatten zwei Steuerklassenkombinationen zur Wahl: Die Steuerklassenkombination IV/IV geht davon aus, dass die Ehegatten etwa gleich viel verdienen. Die Steuerklassenkombination III/V ist so gestaltet, dass die Summe der Steuerabzugsbeträge für beide Ehegatten in etwa der gemeinsamen Jahressteuer entspricht. Dabei wird unterstellt, dass der in Steuerklasse III eingestufte Ehegatte ca. 60 % des gemeinsamen Arbeitslohns erzielt.

Was ist besser: IV/IV oder III/V? Darauf gibt es keine allgemein gültige Antwort. Die Frage lässt sich nur nach den persönlichen Verhältnissen entscheiden und muss im Zweifelsfalle nachgerechnet werden.

3. Kindergeld

Das Kindergeld beträgt ab 2002 für die ersten drei Kinder 154,00 € monatlich, für das vierte und jedes weitere Kind 179,00 € monatlich.

Leitfaden

Lohn- und Einkommensteuer

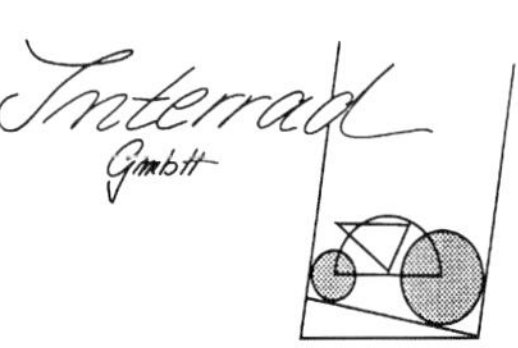

4. Kinderfreibeträge

In Anbetracht des seit 1996 erheblich erhöhten Kindergeldes werden Kinderfreibeträge bei der Berechnung der Lohnsteuer nicht mehr berücksichtigt. Kinder wirken sich jedoch nach wie vor auf die Höhe des Solidaritätszuschlages und der Kirchensteuer aus.

Kinder, die zum 1. Januar das 18. Lebensjahr noch nicht überschritten haben, werden auf der Lohnsteuerkarte berücksichtigt. Unter besonderen Umständen können auch Kinder im Alter von über 18 Jahren auf der Lohnsteuerkarte bescheinigt werden. Das ist z. B. der Fall, wenn sich Kinder in einem Studium oder in einer Schul- oder Berufsausbildung befinden oder Zivil- und Wehrdienst ableisten.

Auf der Lohnsteuerkarte wird dieser Kinderfreibetrag mit dem Zähler 0,5 bescheinigt. Der Zähler erhöht sich auf 1, wenn die Eltern oder Pflegeeltern miteinander verheiratet sind und nicht dauernd getrennt leben. Wenn diese Voraussetzungen bei den Eltern nicht gegeben sind, kann auf Antrag in bestimmten Fällen ein Kinderfreibetrag eines Elternteils auf den anderen Elternteil übertragen werden. Kinderfreibeträge werden nur in den Steuerklassen I bis IV gewährt.

5. Solidaritätszuschlag

Für den Aufbau der neuen Bundesländer wird ein zeitlich befristeter Zuschlag auf die zu zahlende Lohnsteuer erhoben. Er beträgt ab einer bestimmten Einkommenshöhe 5,5 % der Lohnsteuer (seit 1998).

6. Kirchensteuer

Die Finanzverwaltungen der Bundesländer ziehen für Kirchen und Religionsgemeinschaften Kirchensteuern ein. Für muslimische Religionsgemeinschaften werden in der Bundesrepublik zurzeit keine Steuerzahlungen über staatliche Stellen abgewickelt. Die Steuer erhebenden Kirchen und Religionsgemeinschaften sind von Bundesland zu Bundesland unterschiedlich. Genaue Auskunft geben die Finanzverwaltungen der Länder und die Monatslohnsteuertabellen.

Die Höhe der Kirchensteuer ist in den Bundesländern ebenfalls unterschiedlich. Es wird ein bestimmter Prozentsatz von der zu zahlenden Lohnsteuer erhoben, und zwar:

8 % Baden-Württemberg, Bayern

9 % Berlin, Brandenburg, Bremen, Hamburg, Hessen, Mecklenburg-Vorpommern, Niedersachsen, Nordrhein-Westfalen, Rheinland-Pfalz, Saarland, Sachsen, Sachsen-Anhalt, Schleswig-Holstein, Thüringen.

7. Der Steuertarif (Lohn- und Einkommensteuer)

Der deutsche Steuertarif basiert auf der Überlegung, dass jeder nach seiner Leistungsfähigkeit besteuert wird, d. h., je höher das Einkommen, desto höher ist die prozentuale Steuerbelastung. Für allein Stehende gilt der Grundtarif und für Verheiratete der Splittingtarif.

Leitfaden

Lohn- und Einkommensteuer

Die folgende Tabelle zeigt den Steuertarif.

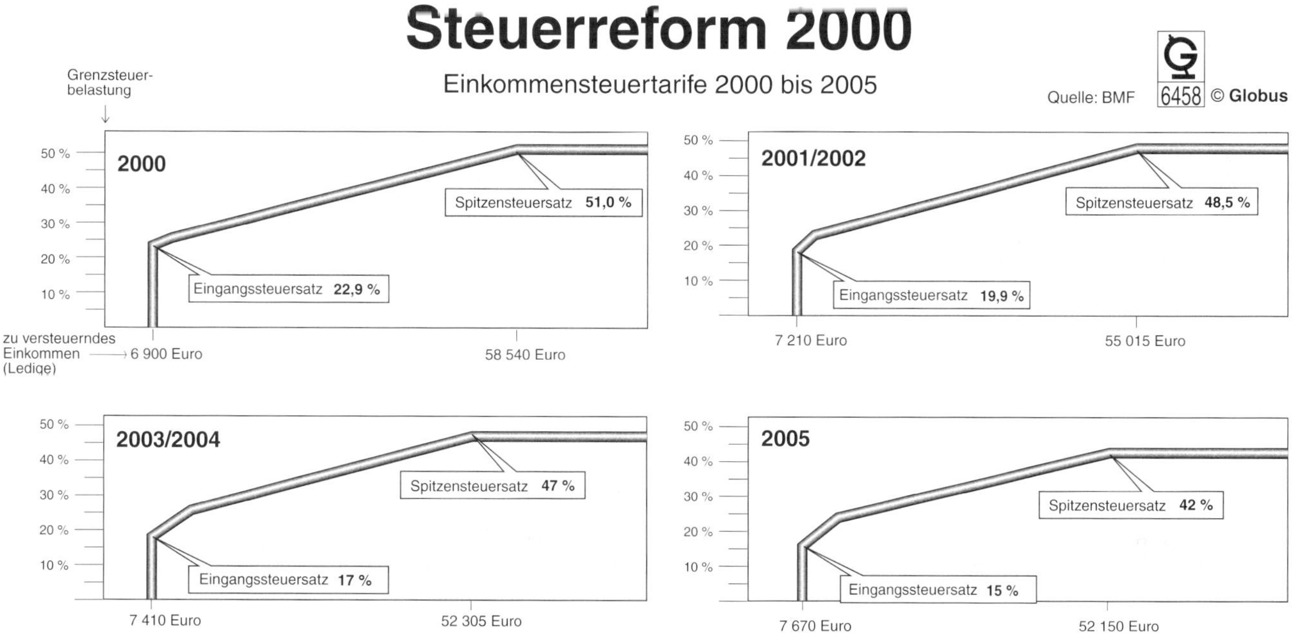

Die Grafik zeigt die Entwicklung der Steuersätze von 2000 bis 2005. Ab 2005 liegt der Eingangssteuersatz bei 15 % und der Spitzensteuersatz bei 42 %.

8. Steuerberechnung

Lohnsteuer, Solidaritätszuschlag und Kirchensteuer werden seit 2002 elektronisch nach der Tarifformel berechnet. Ab 2004 ist auch die Stufenbildung für die elektronische Steuerberechnung entfallen, so dass sich für jeden Euro Einkommen ein unterschiedlicher Steuerbetrag ergibt. Bei manueller Sachbearbeitung bieten sich nach wie vor die gesetzlich erlaubten Monatslohnsteuertabellen an, da die Interrad GmbH das Gehalt bzw. den Lohn von Angestellten und Arbeiter monatlich auszahlt. Eine Reihe von Frei- und Pauschalbeträgen ist in den Lohnsteuertabellen eingearbeitet:

- der Grundfreibetrag,
- der Pauschbetrag für Sonderausgaben,
- die Vorsorgepauschale,
- der Entlastungsbetrag für allein Erziehende (Steuerklasse II),
- Kinder- und Erziehungsfreibeträge.

All diese Beträge wirken sich steuermindernd aus. Die Höhe der Steuern, die Sie in den Lohnsteuertabellen ablesen, berücksichtigt bereits diesen Umstand. Deshalb bildet das monatliche Gehalt bzw. der Monatslohn die Basis für die Berechnung der Steuern.

Die monatlichen Steuerzahlungen auf Basis der Lohnsteuertabellen sind im Prinzip eine Abschlagszahlung an das Finanzamt. Die genaue Endabrechnung mit dem Finanzamt erfolgt am Jahresende auf Basis des Jahreslohnes. Sollten andere Pauschal- und Freibeträge zur Anwendung kommen, muss am Jahresende ein Lohnsteuer-Jahresausgleich durchgeführt bzw. eine Einkommensteuererklärung abgegeben werden.

3223 Abraham/Nemeth/Schalk, Interrad GmbH – Lernfeld Personalwirtschaft

Leitfaden

Lohn- und Einkommensteuer

Berechnung der Monatssteuer mithilfe der Monatslohnsteuertabellen:

Ein Arbeitnehmer verdient bei der Interrad GmbH monatlich 2.800,00 €, ist in die Steuerklasse IV eingeordnet, hat 1 Kind unter 18 Jahren (Zähler 1 für 1,0 Kinderfreibeträge auf der Steuerkarte), gehört einer christlichen Religionsgemeinschaft an und hat seinen Wohnsitz im Bundesland Bremen.

Steuerlich liegt das Gehalt in der Stufe von 2.798,99 € **bis 2.801,99 €**. Berechnungsgrundlage ist Obergrenze der Stufe. Sie ist in der ersten Spalte fett gedruckt (es zählt also der höhere Wert). Die Steuern werden in diesem Beispiel im 2. Bereich „**I, II, III, IV mit** der Zahl der Kinderfreibeträge ..." abgelesen.

Da das Kindergeld direkt ausgezahlt wird, werden bei der Lohnsteuerberechnung keine Kinderfreibeträge berücksichtigt. Die Hauptspalte **LSt** (1. Hauptspalte des 2. Bereichs) zeigt für die Steuerklasse IV den Betrag von 497,58 €.

Die Hauptspalten **0,5 bis 3** zeigen den Solidaritätszuschlag und die Kirchensteuer. Die Überschriften der Hauptspalten geben jeweils die Anzahl der Kinderfreibeträge an. Für die Steuerklasse IV ergibt sich bei dem Zähler **1** (1 Kinderfreibetrag) in der Spalte **SolZ** ein Solidaritätszuschlag von 23,18 € und in der Spalte **9 %** (Kirchensteuersatz für fast alle Bundesländer) eine Kirchensteuer von 37,93 €.

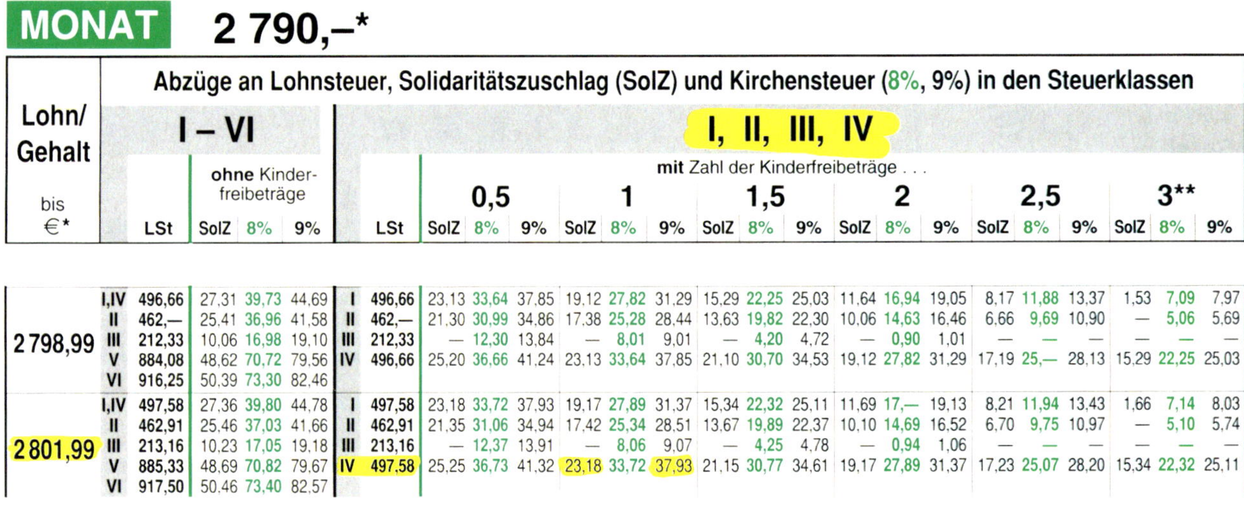

Lohn/Gehalt bis €*		LSt	SolZ	8%	9%		LSt	SolZ	8%	9%	SolZ	8%	9%	SolZ	8%	9%	SolZ	8%	9%	SolZ	8%	9%	SolZ	8%	9%
								0,5			1			1,5			2			2,5			3**		
2 798,99	I,IV	496,66	27,31	39,73	44,69	I	496,66	23,13	33,64	37,85	19,12	27,82	31,29	15,29	22,25	25,03	11,64	16,94	19,05	8,17	11,88	13,37	1,53	7,09	7,97
	II	462,—	25,41	36,96	41,58	II	462,—	21,30	30,99	34,86	17,38	25,28	28,44	13,63	19,82	22,30	10,06	14,63	16,46	6,66	9,69	10,90	—	5,06	5,69
	III	212,33	10,06	16,98	19,10	III	212,33	—	12,30	13,84	—	8,01	9,01	—	4,20	4,72	—	0,90	1,01	—	—	—	—	—	—
	V	884,08	48,62	70,72	79,56	IV	496,66	25,20	36,66	41,24	23,13	33,64	37,85	21,10	30,70	34,53	19,12	27,82	31,29	17,19	25,—	28,13	15,29	22,25	25,03
	VI	916,25	50,39	73,30	82,46																					
2 801,99	I,IV	497,58	27,36	39,80	44,78	I	497,58	23,18	33,72	37,93	19,17	27,89	31,37	15,34	22,32	25,11	11,69	17,—	19,13	8,21	11,94	13,43	1,66	7,14	8,03
	II	462,91	25,46	37,03	41,66	II	462,91	21,35	31,06	34,94	17,42	25,34	28,51	13,67	19,89	22,37	10,10	14,69	16,52	6,70	9,75	10,97	—	5,10	5,74
	III	213,16	10,23	17,05	19,18	III	213,16	—	12,37	13,91	—	8,06	9,07	—	4,25	4,78	—	0,94	1,06	—	—	—	—	—	—
	V	885,33	48,69	70,82	79,67	IV	497,58	25,25	36,73	41,32	23,18	33,72	37,93	21,15	30,77	34,61	19,17	27,89	31,37	17,23	25,07	28,20	15,34	22,32	25,11
	VI	917,50	50,46	73,40	82,57																					

9. Schlussbemerkungen

Die manuell berechneten Tabellensteuern stimmen nur an der Obergrenze mit den elektronisch berechneten Steuern überein. Bei einem Bruttoarbeitslohn unterhalb der Obergrenze ist die ausgewiesene Tabellensteuer tendenziell geringfügig höher. Wenn die Lohnsteuer maschinell genau berechnet werden soll, kann man u. a. auf der Internetseite des Bundesfinanzministeriums den Lohnsteuerrechner kostenlos benutzen. Die Adresse lautet: www.abgabenrechner.de. Eine elektronische Überprüfung der manuell ermittelten Tabellensteuer ist ebenfalls mithilfe der Programme „Lohn2005 Tabelle" oder „Lohn2005 genau" möglich. Die Anwendungen basieren auf dem Tabellenkalkulationsprogramm EX EL und sind auf der Begleitdiskette zu diesem Arbeitsheft zu finden.

Alle Daten in diesem Leitfaden beziehen sich auf das Jahr 2005. Da die Steuertarife sich ständig ändern, müssen die Angaben in diesem Leitfaden laufend aktualisiert werden.

Abzüge an Lohnsteuer, Solidaritätszuschlag (SolZ) und Kirchensteuer (8%, 9%) in den Steuerklassen

Lohn/Gehalt bis €*	StKl	LSt (ohne Kinderfreibeträge)	SolZ	8%	9%	StKl	LSt	0,5 SolZ	0,5 8%	0,5 9%	1 SolZ	1 8%	1 9%	1,5 SolZ	1,5 8%	1,5 9%	2 SolZ	2 8%	2 9%	2,5 SolZ	2,5 8%	2,5 9%	3 SolZ	3 8%	3 9%
1 397,99	I,IV	96,33	3,06	7,70	8,66	I	96,33	—	3,34	3,76	—	—	—	—	—	—	—	—	—	—	—	—	—	—	—
	II	70,41	—	5,63	6,33	II	70,41	—	1,70	1,91	—	—	—	—	—	—	—	—	—	—	—	—	—	—	—
	III	—	—	—	—	III	—	—	—	—	—	—	—	—	—	—	—	—	—	—	—	—	—	—	—
	V	334,66	18,40	26,77	30,11	IV	96,33	—	5,41	6,08	—	3,34	3,76	—	1,52	1,71	—	—	—	—	—	—	—	—	—
	VI	300,83	19,84	28,88	32,47																				
1 400,99	I,IV	97,16	3,23	7,77	8,74	I	97,16	—	3,40	3,82	—	—	—	—	—	—	—	—	—	—	—	—	—	—	—
	II	71,16	—	5,69	6,40	II	71,16	—	1,74	1,96	—	—	—	—	—	—	—	—	—	—	—	—	—	—	—
	III	—	—	—	—	III	—	—	—	—	—	—	—	—	—	—	—	—	—	—	—	—	—	—	—
	V	335,66	18,46	26,85	30,20	IV	97,16	—	5,47	6,15	—	3,40	3,82	—	1,57	1,76	—	—	—	—	—	—	—	—	—
	VI	362,—	19,91	28,96	32,58																				
1 403,99	I,IV	98,—	3,40	7,84	8,82	I	98,—	—	3,46	3,89	—	0,04	0,04	—	—	—	—	—	—	—	—	—	—	—	—
	II	72,—	—	5,76	6,48	II	72,—	—	1,79	2,01	—	—	—	—	—	—	—	—	—	—	—	—	—	—	—
	III	—	—	—	—	III	—	—	—	—	—	—	—	—	—	—	—	—	—	—	—	—	—	—	—
	V	336,83	18,52	26,94	30,31	IV	98,—	—	5,54	6,23	—	3,46	3,89	—	1,62	1,82	—	0,04	0,04	—	—	—	—	—	—
	VI	362,83	19,95	29,02	32,65																				
1 406,99	I,IV	98,91	3,58	7,91	8,90	I	98,91	—	3,51	3,95	—	0,08	0,09	—	—	—	—	—	—	—	—	—	—	—	—
	II	72,75	—	5,82	6,54	II	72,75	—	1,84	2,07	—	—	—	—	—	—	—	—	—	—	—	—	—	—	—
	III	—	—	—	—	III	—	—	—	—	—	—	—	—	—	—	—	—	—	—	—	—	—	—	—
	V	337,83	18,58	27,02	30,40	IV	98,91	—	5,60	6,30	—	3,51	3,95	—	1,67	1,88	—	0,08	0,09	—	—	—	—	—	—
	VI	364,—	20,02	29,12	32,76																				
1 409,99	I,IV	99,75	3,75	7,98	8,97	I	99,75	—	3,57	4,01	—	0,12	0,14	—	—	—	—	—	—	—	—	—	—	—	—
	II	73,58	—	5,88	6,62	II	73,58	—	1,90	2,13	—	—	—	—	—	—	—	—	—	—	—	—	—	—	—
	III	—	—	—	—	III	—	—	—	—	—	—	—	—	—	—	—	—	—	—	—	—	—	—	—
	V	338,83	18,63	27,10	30,49	IV	99,75	—	5,66	6,37	—	3,57	4,01	—	1,72	1,94	—	0,12	0,14	—	—	—	—	—	—
	VI	365,—	20,07	29,20	32,85																				
1 412,99	I,IV	100,58	3,91	8,04	9,05	I	100,58	—	3,62	4,07	—	0,16	0,18	—	—	—	—	—	—	—	—	—	—	—	—
	II	74,41	—	5,95	6,69	II	74,41	—	1,94	2,18	—	—	—	—	—	—	—	—	—	—	—	—	—	—	—
	III	—	—	—	—	III	—	—	—	—	—	—	—	—	—	—	—	—	—	—	—	—	—	—	—
	V	340,—	18,70	27,20	30,60	IV	100,58	—	5,72	6,44	—	3,62	4,07	—	1,77	1,99	—	0,16	0,18	—	—	—	—	—	—
	VI	366,—	20,13	29,28	32,94																				
1 415,99	I,IV	101,41	4,08	8,11	9,12	I	101,41	—	3,68	4,14	—	0,21	0,23	—	—	—	—	—	—	—	—	—	—	—	—
	II	75,25	—	6,02	6,77	II	75,25	—	2,—	2,25	—	—	—	—	—	—	—	—	—	—	—	—	—	—	—
	III	—	—	—	—	III	—	—	—	—	—	—	—	—	—	—	—	—	—	—	—	—	—	—	—
	V	341,—	18,75	27,28	30,69	IV	101,41	—	5,79	6,51	—	3,68	4,14	—	1,82	2,05	—	0,21	0,23	—	—	—	—	—	—
	VI	366,83	20,17	29,34	33,01																				
1 418,99	I,IV	102,25	4,25	8,18	9,20	I	102,25	—	3,74	4,20	—	0,25	0,28	—	—	—	—	—	—	—	—	—	—	—	—
	II	76,—	—	6,08	6,84	II	76,—	—	2,04	2,30	—	—	—	—	—	—	—	—	—	—	—	—	—	—	—
	III	—	—	—	—	III	—	—	—	—	—	—	—	—	—	—	—	—	—	—	—	—	—	—	—
	V	342,—	18,81	27,36	30,78	IV	102,25	—	5,86	6,59	—	3,74	4,20	—	1,87	2,10	—	0,25	0,28	—	—	—	—	—	—
	VI	368,—	20,24	29,44	33,12																				
1 421,99	I,IV	103,16	4,43	8,25	9,28	I	103,16	—	3,80	4,27	—	0,30	0,33	—	—	—	—	—	—	—	—	—	—	—	—
	II	76,83	—	6,14	6,91	II	76,83	—	2,10	2,36	—	—	—	—	—	—	—	—	—	—	—	—	—	—	—
	III	—	—	—	—	III	—	—	—	—	—	—	—	—	—	—	—	—	—	—	—	—	—	—	—
	V	343,—	18,86	27,44	30,87	IV	103,16	—	5,92	6,66	—	3,80	4,27	—	1,92	2,16	—	0,30	0,33	—	—	—	—	—	—
	VI	369,—	20,29	29,52	33,21																				
1 424,99	I,IV	104,—	4,60	8,32	9,36	I	104,—	—	3,86	4,34	—	0,34	0,38	—	—	—	—	—	—	—	—	—	—	—	—
	II	77,66	—	6,21	6,98	II	77,66	—	2,15	2,42	—	—	—	—	—	—	—	—	—	—	—	—	—	—	—
	III	—	—	—	—	III	—	—	—	—	—	—	—	—	—	—	—	—	—	—	—	—	—	—	—
	V	344,—	18,92	27,52	30,96	IV	104,—	—	5,98	6,73	—	3,86	4,34	—	1,97	2,21	—	0,34	0,38	—	—	—	—	—	—
	VI	370,—	20,35	29,60	33,30																				
1 427,99	I,IV	104,83	4,76	8,38	9,43	I	104,83	—	3,91	4,40	—	0,38	0,43	—	—	—	—	—	—	—	—	—	—	—	—
	II	78,50	—	6,28	7,06	II	78,50	—	2,20	2,47	—	—	—	—	—	—	—	—	—	—	—	—	—	—	—
	III	—	—	—	—	III	—	—	—	—	—	—	—	—	—	—	—	—	—	—	—	—	—	—	—
	V	345,—	18,97	27,60	31,05	IV	104,83	—	6,05	6,80	—	3,91	4,40	—	2,02	2,27	—	0,38	0,43	—	—	—	—	—	—
	VI	371,—	20,40	29,68	33,39																				
1 430,99	I,IV	105,66	4,93	8,45	9,50	I	105,66	—	3,97	4,46	—	0,42	0,47	—	—	—	—	—	—	—	—	—	—	—	—
	II	79,33	—	6,34	7,13	II	79,33	—	2,25	2,53	—	—	—	—	—	—	—	—	—	—	—	—	—	—	—
	III	—	—	—	—	III	—	—	—	—	—	—	—	—	—	—	—	—	—	—	—	—	—	—	—
	V	346,—	19,03	27,68	31,14	IV	105,66	—	6,12	6,88	—	3,97	4,46	—	2,07	2,33	—	0,42	0,47	—	—	—	—	—	—
	VI	372,—	20,46	29,76	33,48																				
1 433,99	I,IV	106,50	5,10	8,52	9,58	I	106,50	—	4,03	4,53	—	0,47	0,53	—	—	—	—	—	—	—	—	—	—	—	—
	II	80,16	—	6,41	7,21	II	80,16	—	2,30	2,59	—	—	—	—	—	—	—	—	—	—	—	—	—	—	—
	III	—	—	—	—	III	—	—	—	—	—	—	—	—	—	—	—	—	—	—	—	—	—	—	—
	V	347,16	19,09	27,77	31,24	IV	106,50	—	6,18	6,95	—	4,03	4,53	—	2,12	2,39	—	0,47	0,53	—	—	—	—	—	—
	VI	373,16	20,52	29,85	33,58																				
1 436,99	I,IV	107,41	5,28	8,59	9,66	I	107,41	—	4,09	4,60	—	0,52	0,58	—	—	—	—	—	—	—	—	—	—	—	—
	II	81,—	—	6,48	7,29	II	81,—	—	2,36	2,65	—	—	—	—	—	—	—	—	—	—	—	—	—	—	—
	III	—	—	—	—	III	—	—	—	—	—	—	—	—	—	—	—	—	—	—	—	—	—	—	—
	V	348,16	19,14	27,85	31,33	IV	107,41	—	6,24	7,02	—	4,09	4,60	—	2,18	2,45	—	0,52	0,58	—	—	—	—	—	—
	VI	374,—	20,57	29,92	33,66																				
1 439,99	I,IV	108,25	5,45	8,66	9,74	I	108,25	—	4,14	4,66	—	0,56	0,63	—	—	—	—	—	—	—	—	—	—	—	—
	II	81,75	0,15	6,54	7,35	II	81,75	—	2,40	2,70	—	—	—	—	—	—	—	—	—	—	—	—	—	—	—
	III	—	—	—	—	III	—	—	—	—	—	—	—	—	—	—	—	—	—	—	—	—	—	—	—
	V	349,—	19,19	27,92	31,41	IV	108,25	—	6,31	7,10	—	4,14	4,66	—	2,22	2,50	—	0,56	0,63	—	—	—	—	—	—
	VI	375,16	20,63	30,01	33,76																				

* Die ausgewiesenen Tabellenwerte sind amtlich. Siehe Erläuterungen auf der Umschlaginnenseite (U2).

Abzüge an Lohnsteuer, Solidaritätszuschlag (SolZ) und Kirchensteuer (8%, 9%) in den Steuerklassen

Lohn/Gehalt bis €* — **I – VI** ohne Kinderfreibeträge

bis €*	Kl	LSt	SolZ	8%	9%
2 252,99	I,IV	332,75	18,30	26,62	29,94
	II	301,25	16,56	24,10	27,11
	III	84,33	—	6,74	7,58
	V	654,75	36,01	52,38	58,92
	VI	686,91	37,78	54,95	61,82
2 255,99	I,IV	333,58	18,34	26,68	30,02
	II	302,16	16,61	24,17	27,19
	III	84,83	—	6,78	7,63
	V	656,—	36,08	52,48	59,04
	VI	688,16	37,84	55,05	61,93
2 258,99	I,IV	334,41	18,39	26,75	30,09
	II	303,—	16,66	24,24	27,27
	III	85,50	—	6,84	7,69
	V	657,25	36,14	52,58	59,15
	VI	689,41	37,91	55,15	62,04
2 261,99	I,IV	335,33	18,44	26,82	30,17
	II	303,83	16,71	24,30	27,34
	III	86,16	—	6,89	7,75
	V	658,50	36,21	52,68	59,26
	VI	690,75	37,99	55,26	62,16
2 264,99	I,IV	336,16	18,48	26,89	30,25
	II	304,66	16,75	24,37	27,41
	III	86,66	—	6,93	7,79
	V	659,75	36,28	52,78	59,37
	VI	692,—	38,06	55,36	62,28
2 267,99	I,IV	337,—	18,53	26,96	30,33
	II	305,50	16,80	24,44	27,49
	III	87,33	—	6,98	7,85
	V	661,—	36,35	52,88	59,49
	VI	693,25	38,12	55,46	62,39
2 270,99	I,IV	337,91	18,58	27,03	30,41
	II	306,33	16,84	24,50	27,56
	III	87,83	—	7,02	7,90
	V	662,25	36,42	52,98	59,60
	VI	694,50	38,19	55,56	62,50
2 273,99	I,IV	338,75	18,63	27,10	30,48
	II	307,16	16,89	24,57	27,64
	III	88,50	—	7,08	7,96
	V	663,58	36,49	53,08	59,72
	VI	695,75	38,26	55,66	62,61
2 276,99	I,IV	339,58	18,67	27,16	30,56
	II	308,—	16,94	24,64	27,72
	III	89,16	—	7,13	8,02
	V	664,83	36,56	53,18	59,83
	VI	697,—	38,33	55,76	62,73
2 279,99	I,IV	340,50	18,72	27,24	30,64
	II	308,83	16,98	24,70	27,79
	III	89,66	—	7,17	8,06
	V	666,08	36,63	53,28	59,94
	VI	698,25	38,40	55,86	62,84
2 282,99	I,IV	341,33	18,77	27,30	30,71
	II	309,66	17,03	24,77	27,86
	III	90,33	—	7,22	8,12
	V	667,33	36,70	53,38	60,05
	VI	699,50	38,47	55,96	62,95
2 285,99	I,IV	342,16	18,81	27,37	30,79
	II	310,58	17,08	24,84	27,95
	III	90,83	—	7,26	8,17
	V	668,58	36,77	53,48	60,17
	VI	700,75	38,54	56,06	63,06
2 288,99	I,IV	343,08	18,86	27,44	30,87
	II	311,41	17,12	24,91	28,02
	III	91,50	—	7,32	8,23
	V	669,83	36,84	53,58	60,28
	VI	702,08	38,61	56,16	63,18
2 291,99	I,IV	343,91	18,91	27,51	30,95
	II	312,25	17,17	24,98	28,10
	III	92,16	—	7,37	8,29
	V	671,08	36,90	53,68	60,39
	VI	703,33	38,68	56,26	63,29
2 294,99	I,IV	344,75	18,96	27,58	31,02
	II	313,08	17,21	25,04	28,17
	III	92,66	—	7,41	8,33
	V	672,33	36,97	53,78	60,50
	VI	704,58	38,75	56,36	63,41

I, II, III, IV mit Zahl der Kinderfreibeträge … — Freibeträge 0,5 / 1 / 1,5

bis €*	Kl	LSt	0,5 SolZ	0,5 8%	0,5 9%	1 SolZ	1 8%	1 9%	1,5 SolZ	1,5 8%	1,5 9%
2 252,99	I	332,75	14,51	21,10	23,74	10,89	15,84	17,82	7,45	10,84	12,20
	II	301,25	12,86	18,70	21,04	9,32	13,56	15,26	5,50	8,68	9,76
	III	84,33	—	3,10	3,49	—	—	—	—	—	—
	IV	332,75	16,38	23,82	26,80	14,51	21,10	23,74	12,68	18,44	20,75
2 255,99	I	333,58	14,55	21,17	23,81	10,94	15,91	17,90	7,49	10,90	12,26
	II	302,16	12,90	18,76	21,11	9,36	13,62	15,32	5,65	8,74	9,83
	III	84,83	—	3,14	3,53	—	—	—	—	—	—
	IV	333,58	16,43	23,90	26,88	14,55	21,17	23,81	12,72	18,50	20,81
2 258,99	I	334,41	14,59	21,23	23,88	10,98	15,97	17,96	7,53	10,96	12,33
	II	303,—	12,94	18,83	21,18	9,40	13,68	15,39	5,78	8,79	9,89
	III	85,50	—	3,18	3,58	—	0,02	0,02	—	—	—
	IV	334,41	16,47	23,96	26,96	14,59	21,23	23,88	12,76	18,57	20,89
2 261,99	I	335,33	14,64	21,30	23,96	11,02	16,03	18,03	7,58	11,02	12,40
	II	303,83	12,99	18,90	21,26	9,45	13,74	15,46	5,93	8,85	9,95
	III	86,16	—	3,22	3,62	—	0,06	0,07	—	—	—
	IV	335,33	16,52	24,03	27,03	14,64	21,30	23,96	12,81	18,63	20,96
2 264,99	I	336,16	14,68	21,36	24,03	11,06	16,10	18,11	7,62	11,08	12,47
	II	304,66	13,03	18,96	21,33	9,49	13,80	15,53	6,08	8,91	10,02
	III	86,66	—	3,26	3,67	—	0,09	0,10	—	—	—
	IV	336,16	16,56	24,10	27,11	14,68	21,36	24,03	12,85	18,70	21,03
2 267,99	I	337,—	14,73	21,43	24,11	11,11	16,16	18,18	7,66	11,14	12,53
	II	305,50	13,08	19,02	21,40	9,53	13,86	15,59	6,16	8,97	10,09
	III	87,33	—	3,30	3,71	—	0,13	0,14	—	—	—
	IV	337,—	16,61	24,16	27,18	14,73	21,43	24,11	12,90	18,76	21,11
2 270,99	I	337,91	14,78	21,50	24,18	11,15	16,22	18,24	7,70	11,20	12,60
	II	306,33	13,12	19,08	21,47	9,57	13,93	15,67	6,20	9,02	10,15
	III	87,83	—	3,34	3,76	—	0,17	0,19	—	—	—
	IV	337,91	16,66	24,23	27,26	14,78	21,50	24,18	12,94	18,82	21,17
2 273,99	I	338,75	14,82	21,56	24,25	11,19	16,28	18,32	7,74	11,26	12,66
	II	307,16	13,16	19,15	21,54	9,62	13,99	15,74	6,24	9,08	10,22
	III	88,50	—	3,38	3,80	—	0,20	0,22	—	—	—
	IV	338,75	16,70	24,30	27,33	14,82	21,56	24,25	12,98	18,89	21,25
2 276,99	I	339,58	14,87	21,63	24,33	11,23	16,34	18,38	7,78	11,32	12,74
	II	308,—	13,21	19,22	21,62	9,66	14,05	15,80	6,28	9,14	10,28
	III	89,16	—	3,44	3,87	—	0,24	0,27	—	—	—
	IV	339,58	16,75	24,36	27,41	14,87	21,63	24,33	13,03	18,96	21,33
2 279,99	I	340,50	14,91	21,69	24,40	11,28	16,41	18,46	7,82	11,38	12,80
	II	308,83	13,25	19,28	21,69	9,70	14,11	15,87	6,32	9,20	10,35
	III	89,66	—	3,48	3,91	—	0,28	0,31	—	—	—
	IV	340,50	16,79	24,43	27,48	14,91	21,69	24,40	13,07	19,02	21,39
2 282,99	I	341,33	14,96	21,76	24,48	11,32	16,47	18,53	7,86	11,44	12,87
	II	309,66	13,30	19,34	21,76	9,74	14,17	15,94	6,36	9,26	10,41
	III	90,33	—	3,52	3,96	—	0,30	0,34	—	—	—
	IV	341,33	16,84	24,50	27,56	14,96	21,76	24,48	13,12	19,08	21,47
2 285,99	I	342,16	15,—	21,82	24,55	11,36	16,53	18,59	7,90	11,50	12,93
	II	310,58	13,34	19,41	21,83	9,79	14,24	16,02	6,40	9,32	10,48
	III	90,83	—	3,56	4,—	—	0,34	0,38	—	—	—
	IV	342,16	16,88	24,56	27,63	15,—	21,82	24,55	13,16	19,14	21,53
2 288,99	I	343,08	15,05	21,89	24,62	11,41	16,60	18,67	7,94	11,56	13,—
	II	311,41	13,38	19,47	21,90	9,83	14,30	16,08	6,44	9,38	10,55
	III	91,50	—	3,60	4,05	—	0,38	0,43	—	—	—
	IV	343,08	16,93	24,63	27,71	15,05	21,89	24,62	13,20	19,21	21,61
2 291,99	I	343,91	15,09	21,96	24,70	11,45	16,66	18,74	7,98	11,62	13,07
	II	312,25	13,43	19,54	21,98	9,87	14,36	16,15	6,48	9,43	10,61
	III	92,16	—	3,64	4,09	—	0,42	0,47	—	—	—
	IV	343,91	16,98	24,70	27,79	15,09	21,96	24,70	13,25	19,28	21,69
2 294,99	I	344,75	15,14	22,02	24,77	11,49	16,72	18,81	8,03	11,68	13,14
	II	313,08	13,47	19,60	22,05	9,91	14,42	16,22	6,52	9,49	10,67
	III	92,66	—	3,69	4,15	—	0,45	0,50	—	—	—
	IV	344,75	17,03	24,77	27,86	15,14	22,02	24,77	13,29	19,34	21,75

I, II, III, IV mit Zahl der Kinderfreibeträge … — Freibeträge 2 / 2,5 / 3**

bis €*	Kl	2 SolZ	2 8%	2 9%	2,5 SolZ	2,5 8%	2,5 9%	3** SolZ	3** 8%	3** 9%
2 252,99	I	—	6,10	6,86	—	2,06	2,32	—	—	—
	II	—	4,16	4,68	—	0,57	0,64	—	—	—
	III	—	—	—	—	—	—	—	—	—
	IV	10,89	15,84	17,82	9,15	13,31	14,97	7,45	10,84	12,20
2 255,99	I	—	6,16	6,93	—	2,11	2,37	—	—	—
	II	—	4,22	4,74	—	0,61	0,68	—	—	—
	III	—	—	—	—	—	—	—	—	—
	IV	10,94	15,91	17,90	9,19	13,38	15,05	7,49	10,90	12,26
2 258,99	I	—	6,22	6,99	—	2,15	2,42	—	—	—
	II	—	4,26	4,79	—	0,65	0,73	—	—	—
	III	—	—	—	—	—	—	—	—	—
	IV	10,98	15,97	17,96	9,24	13,44	15,12	7,53	10,96	12,33
2 261,99	I	—	6,27	7,05	—	2,20	2,47	—	—	—
	II	—	4,31	4,85	—	0,68	0,77	—	—	—
	III	—	—	—	—	—	—	—	—	—
	IV	11,02	16,03	18,03	9,28	13,50	15,18	7,58	11,02	12,40
2 264,99	I	—	6,33	7,12	—	2,24	2,52	—	—	—
	II	—	4,36	4,91	—	0,72	0,81	—	—	—
	III	—	—	—	—	—	—	—	—	—
	IV	11,06	16,10	18,11	9,32	13,56	15,25	7,62	11,08	12,47
2 267,99	I	—	6,38	7,18	—	2,28	2,57	—	—	—
	II	—	4,42	4,97	—	0,76	0,86	—	—	—
	III	—	—	—	—	—	—	—	—	—
	IV	11,11	16,16	18,18	9,36	13,62	15,32	7,66	11,14	12,53
2 270,99	I	—	6,44	7,24	—	2,33	2,62	—	—	—
	II	—	4,46	5,02	—	0,80	0,90	—	—	—
	III	—	—	—	—	—	—	—	—	—
	IV	11,15	16,22	18,24	9,40	13,68	15,39	7,70	11,20	12,60
2 273,99	I	0,05	6,50	7,31	—	2,37	2,66	—	—	—
	II	—	4,52	5,08	—	0,84	0,94	—	—	—
	III	—	—	—	—	—	—	—	—	—
	IV	11,19	16,28	18,32	9,44	13,74	15,45	7,74	11,26	12,66
2 276,99	I	0,18	6,55	7,37	—	2,42	2,72	—	—	—
	II	—	4,56	5,13	—	0,88	0,99	—	—	—
	III	—	—	—	—	—	—	—	—	—
	IV	11,23	16,34	18,38	9,49	13,80	15,53	7,78	11,32	12,74
2 279,99	I	0,33	6,61	7,43	—	2,46	2,76	—	—	—
	II	—	4,62	5,19	—	0,92	1,03	—	—	—
	III	—	—	—	—	—	—	—	—	—
	IV	11,28	16,41	18,46	9,53	13,86	15,59	7,82	11,38	12,80
2 282,99	I	0,46	6,66	7,49	—	2,50	2,81	—	—	—
	II	—	4,67	5,25	—	0,96	1,08	—	—	—
	III	—	—	—	—	—	—	—	—	—
	IV	11,32	16,47	18,53	9,57	13,92	15,66	7,86	11,44	12,87
2 285,99	I	0,61	6,72	7,56	—	2,55	2,87	—	—	—
	II	—	4,72	5,31	—	1,—	1,12	—	—	—
	III	—	—	—	—	—	—	—	—	—
	IV	11,36	16,53	18,59	9,61	13,98	15,73	7,90	11,50	12,93
2 288,99	I	0,75	6,78	7,62	—	2,60	2,92	—	—	—
	II	—	4,77	5,36	—	1,03	1,16	—	—	—
	III	—	—	—	—	—	—	—	—	—
	IV	11,41	16,60	18,67	9,65	14,04	15,80	7,94	11,56	13,—
2 291,99	I	0,90	6,84	7,69	—	2,64	2,97	—	—	—
	II	—	4,82	5,42	—	1,07	1,20	—	—	—
	III	—	—	—	—	—	—	—	—	—
	IV	11,45	16,66	18,74	9,69	14,10	15,86	7,98	11,62	13,07
2 294,99	I	1,03	6,89	7,75	—	2,68	3,02	—	—	—
	II	—	4,87	5,48	—	1,11	1,25	—	—	—
	III	—	—	—	—	—	—	—	—	—
	IV	11,49	16,72	18,81	9,73	14,16	15,93	8,03	11,68	13,14

* Die ausgewiesenen Tabellenwerte sind amtlich. Siehe Erläuterungen auf der Umschlaginnenseite (U2).
** Bei mehr als 3 Kinderfreibeträgen ist die „Ergänzungs-Tabelle 3,5 bis 6 Kinderfreibeträge" anzuwenden.

Situation

In der heutigen Sprechstunde der Personalverwaltung steht der Themenkreis Sozialversicherung im Vordergrund. Bei einer Reihe von Mitarbeitern/Mitarbeiterinnen haben sich die Daten geändert. Die Informationen für die Aufgabe liefert der Leitfaden Sozialversicherung.

Arbeitsauftrag

1. Nennen Sie die fünf Hauptzweige der Sozialversicherung.

2. Der kinderlose Mitarbeiter Jonny Grüter verdient nach einer Lohnerhöhung 1.528,00 € brutto im Monat. Herr Grüter ist bei der AOK Bremen pflichtversichert. Bearbeiten Sie die folgenden Aufgaben und vervollständigen Sie die Tabelle.

a) Ermitteln Sie die Beitragsätze und die Beitragsbemessungsgrenzen.

b) Berechnen Sie die Arbeitnehmeranteile für Herrn Grüter.

c) Errechnen Sie die Arbeitgeberanteile.

d) Wie viel Euro muss die Interrad GmbH an die Inkassostelle abführen?

Sozialversicherungszweige	Beitrags-satz (%)	Beitragsbe-messungs-grenze	Betrag in € Arbeitnehmer 50 %	Betrag in € Arbeitnehmer 100 %	Betrag in € Arbeitgeber 50 %
Krankenversicherung					
Krankenversicherung Zusatzversicherung Zahnersatz					
Zusatzversicherung Krankengeld					
Pflegeversicherung					
Pflegeversicherung Beitragszuschlag für Kinderlose					
Rentenversicherung					
Arbeitslosenversicherung					
Summen					

An die Inkassostelle abzuführender Betrag in €	

3. Bei den folgenden Mitarbeiterinnen hat sich das monatliche Arbeitsentgelt geändert. Welche Auswirkungen hat das jeweils auf die Beiträge zur Sozialversicherung?

   a) Eine Aushilfskraft hat die Arbeitszeit reduziert und verdient jetzt nur noch 300,00 € im Monat. Der Verdienst betrug vorher 450,00 € monatlich.

   b) Das Monatsgehalt von Frau Forsberg wurde von 3.200,00 € auf 3.900,00 € erhöht.

   c) Frau Heike Reese bezieht als Gesellschafterin der Interrad GmbH einen Betrag von 4.000,00 € monatlich, der mit dem zukünftigen Jahresgewinn verrechnet wird.

4. Listen Sie auf, welche Hauptleistungen die einzelnen Zweige der gesetzlichen Sozialversicherung erbringen.

Exkurs

5. Beantworten Sie die folgenden Fragen zur Rentenversicherung.

   a) Erläutern Sie den Generationenvertrag.

   b) Beschreiben Sie die Probleme, die sich aus dieser Finanzierungsform ergeben.

   c) Erklären Sie den Begriff „dynamische Rente".

6. Die Arbeitnehmer werden durch den Gesetzgeber zunehmend an den Kosten der Sozialversicherung beteiligt. Beispiele für diese Maßnahmen sind die Einführung der Praxisgebühr, die alleinige Übernahme der Beiträge für bestimmte Leistungen in der Kranken- und Pflegeversicherung und die Arbeitsmarktreformen (Hartz IV).

   a) Erläutern Sie den Begriff „Praxisgebühr".

   b) Erklären Sie die Unterschiede zwischen Arbeitslosengeld, Arbeitslosengeld II und Sozialgeld.

   c) Erläutern und bewerten Sie die Hintergründe und Ziele der Maßnahmen in der gesetzlichen Sozialversicherung.

7. Diskutieren Sie die Vor- und Nachteile von sog. 400-Euro-Jobs (Pro und Kontra).

Anlagen/Arbeitsunterlagen
Leitfaden Sozialversicherung

Leitfaden

Sozialversicherung

Liebe Mitarbeiterinnen, liebe Mitarbeiter,

dieser Leitfaden soll eine Hilfe sein bei der Berechnung der Sozialversicherungsbeiträge in Lohn- und Gehaltsabrechnungen, soll Sie aber auch in die Lage versetzen kompetent alle Fragen von Mitarbeitern zu beantworten.

1. Allgemeines

Fast 90 % der Bundesbürger leben von unselbstständiger Arbeit. Härtefälle des Lebens, wie z. B. Arbeitslosigkeit oder Krankheit, können für diesen Personenkreis zu existenzbedrohenden Einkommensverlusten führen. Um solche Notlagen abzufedern, hat der Staat bereits im vorigen Jahrhundert den Grundstein für die Sozialversicherung gelegt. Die Sozialversicherung ist heute eine gesetzliche Pflichtversicherung, der bis auf die Beamten fast alle unselbstständig Beschäftigten angehören. Die fünf Zweige der Sozialversicherung sind

- die gesetzliche Krankenversicherung,

- die gesetzliche Pflegeversicherung,

- die gesetzliche Rentenversicherung,

- die Arbeitslosenversicherung,

- die gesetzliche Unfallversicherung.

Die Beiträge für die Hauptleistungen der Kranken-, Pflege-, Renten- und Arbeitslosenversicherung tragen prinzipiell Arbeitnehmer und Arbeitgeber jeweils zur Hälfte. Die Beiträge der Arbeitnehmer werden vom Arbeitsentgelt abgezogen und müssen zusammen mit dem Arbeitgeberanteil von den Arbeitgebern an die gesetzliche Krankenkasse abgeführt werden. Die Krankenkasse dient also als sog. Inkassostelle. Sie leitet dann die Beiträge, die nicht für sie bestimmt sind, an die Renten- und Arbeitslosenversicherung weiter.

Als geringfügige Beschäftigung gilt ab dem 1. April 2003, wenn in West- und Ostdeutschland ein Arbeitnehmer bis zu 400,00 € im Monat verdient. Der Arbeitgeber führt 13 % an die Krankenversicherung, 15 % an die Rentenversicherung und 2 % als Pauschaleinkommensteuer an das Finanzamt ab. Für den Arbeitnehmer bleibt der Verdienst steuer- und sozialversicherungsfrei.

2. Die Krankenversicherung

In der gesetzlichen Krankenversicherung sind bis auf die Beamten alle Arbeitnehmer pflichtversichert, wenn sie bestimmte Einkommensgrenzen nicht überschreiten (3.562,50 €). Arbeitnehmer, deren Arbeitsentgelt diese so genannte Beitragsbemessungsgrenze übersteigt, können freiwillig der gesetzlichen Krankenkasse beitreten. Das gilt auch für Freiberufler und Selbstständige.

Träger der gesetzlichen Krankenversicherung sind die Allgemeinen Ortskrankenkassen (AOK), Ersatzkassen, Betriebskrankenkassen, Innungskrankenkassen usw. Die Beitragssätze der verschiedenen Kassen sind unterschiedlich. Der Beitragssatz der AOK in Bremen beträgt zurzeit (2006) 13,6 % des Bruttoentgelts eines Arbeitnehmers. Der Arbeitgeber übernimmt maximal die Hälfte des AOK-Satzes. Ab dem 1. Juli 2006 zahlen gesetzlich Versicherte einen einkommensabhängigen, zusätzlichen Beitragssatz von 0,9 % für das Krankengeld (0,5 %) und den Zahnersatz (0,4 %). An diesem Beitrag beteiligt sich der Arbeitgeber nicht. Das politische Ziel der Maßnahmen ist die Senkung der Arbeitskosten für die Arbeitgeber in Deutschland.

Leitfaden

Sozialversicherung

Die Träger der gesetzlichen Krankenversicherung zahlen bei Erkrankung eines Arbeitnehmers die Kosten für die Krankenpflege. Zur Krankenpflege gehören die kostenlose ärztliche und zahnärztliche Behandlung, die Versorgung mit Arzneimitteln, Krankenhauspflege usw.; Krankengeld wird gezahlt, wenn bei einem Arbeitnehmer z. B. nach sechs Wochen Arbeitsunfähigkeit (je nach Tarifvertrag) der Anspruch auf Lohn- und Gehaltsfortzahlung durch den Arbeitgeber erlischt. Der Zahnersatz gehört ebenfalls zum Leistungskatalog der Krankenkassen.

3. Pflegeversicherung

Alle Mitglieder der gesetzlichen Krankenversicherung sind in der gesetzlichen Pflegeversicherung pflichtversichert (Beitragsbemessungsgrenze zurzeit 3.562,50 €).

Träger der gesetzlichen Pflegeversicherung sind die bei den Krankenkassen eingerichteten Pflegekassen. Der Beitragssatz beträgt zurzeit 1,7 % des Bruttoentgelts eines Arbeitnehmers. Kinderlose müssen ab 2005 einen Beitragszuschlag von 0,25 % leisten, an dem sich der Arbeitgeber nicht beteiligt.

Als Leistungen gewährt die gesetzliche Pflegeversicherung Gelder zur häuslichen und stationären Pflege, zum Beispiel Unterbringung in einem Pflegeheim.

4. Rentenversicherung

In der gesetzlichen Rentenversicherung sind wie in der gesetzlichen Krankenkasse bis auf die Beamten alle Arbeitnehmer pflichtversichert, wenn sie bestimmte Einkommensgrenzen nicht überschreiten (alte Bundesländer: 5.250,00 €, neue Bundesländer: 4.400,00 €). Träger der gesetzlichen Rentenversicherung ist die Deutsche Rentenversicherung. Der Beitragssatz ist einheitlich und beträgt zurzeit 19,5 % des Bruttoentgelts eines Arbeitnehmers. Zu den wichtigsten Leistungen der gesetzlichen Rentenversicherung zählen das Altersruhegeld, die Berufs- und Erwerbsminderungsrente und die Hinterbliebenenrente. Das Altersruhegeld wird im Regelfall nach Vollendung des 65. Lebensjahres gezahlt.

Die Grafik zeigt die Zukunftsprobleme der Rentenversicherung, die im Prinzip auch für die Krankenversicherung gelten.

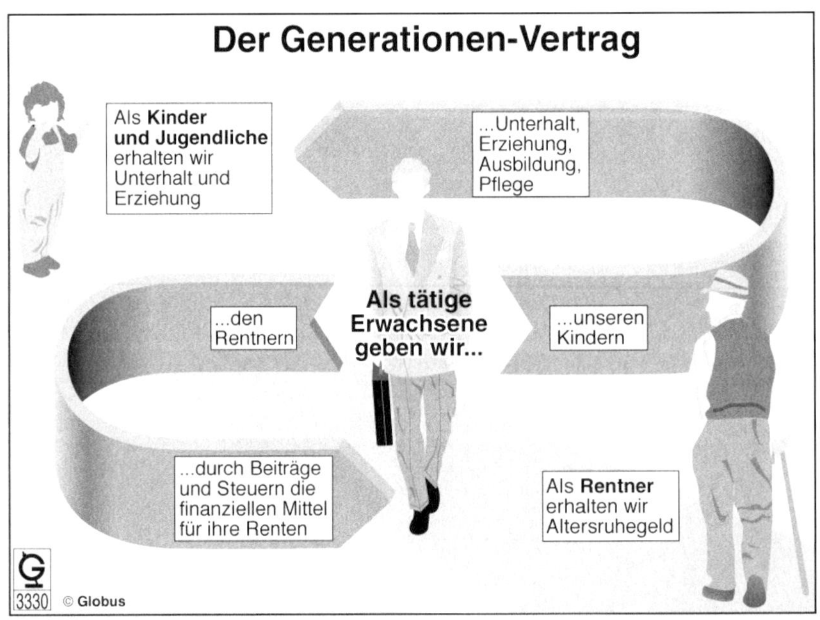

Leitfaden

Sozialversicherung

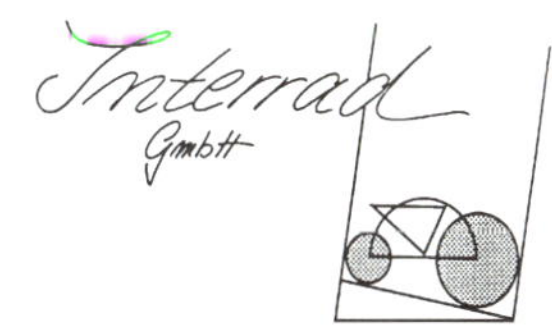

Die Leistungen der gesetzlichen Rentenversicherung werden aus den laufenden Beiträgen der Versicherten und einem Bundeszuschuss aus Steuergeldern bezahlt. Die heutigen Beitragszahler finanzieren die heutigen Renten. Sie verlassen sich darauf, dass ihre Renten durch die Beitragszahlungen der künftigen Generationen bezahlt werden. Dieses Finanzierungsverfahren wird als Generationenvertrag bezeichnet.

Die Altersrenten werden durch den Gesetzgeber jährlich angepasst. Grundlage hierfür bilden die Nettoverdienste des Vorjahres aller sozialversicherungspflichtigen Arbeitnehmer. Dieser jährliche Anpassungsprozess wird als „dynamische Rente" bezeichnet.

5. Arbeitslosenversicherung

In der gesetzlichen Arbeitslosenversicherung sind bis auf die Beamten alle Arbeitnehmer pflichtversichert, wenn sie bestimmte Einkommensgrenzen nicht überschreiten (alte Bundesländer: 5.250,00 €, neue Bundesländer: 4.400,00 €).

Träger der gesetzlichen Arbeitslosenversicherung ist die Bundesagentur für Arbeit. Der Beitragssatz beträgt zurzeit 6,5 % des Bruttoentgelts eines Arbeitnehmers.

Im Rahmen der „Hartz IV-Reform" wurde die gesetzlichen Arbeitslosenversicherung neu gestaltet. Zu den Hauptleistungen gehören die Zahlung von Arbeitslosengeld und Arbeitslosengeld II. Arbeitnehmer, die unfreiwillig arbeitslos geworden sind, können über einen bestimmten Zeitraum diese Leistungen in Anspruch nehmen. Das Arbeitslosengeld beträgt je nach Familienstand und Alter zurzeit zwischen 60 % und 67 % vom durchschnittlichen Nettoverdienst der letzten zwölf Monate. Arbeitslosengeld wird nach dem 01.02.2006 maximal 12 Monate, für über 55-jährige maximal 18 Monate gezahlt. Nach Ablauf des Zahlungszeitraums für Arbeitslosengeld folgt das Arbeitslosengeld II. Einen Anspruch auf diese Grundsicherung haben alle erwerbsfähigen Hilfebedürftigen zwischen 15 und 65 Jahren. Erwerbsfähig sind diejenigen, die unter den üblichen Bedingungen des allgemeinen Arbeitsmarktes mindestens drei Stunden täglich arbeiten können. Erwerbsfähige Hilfebedürftige erhalten das Arbeitslosengeld II, nicht erwerbsfähige Familienangehörige und Partner, die mit dem Betroffenen zusammenleben, das Sozialgeld. Das Arbeitslosengeld II beträgt 345,00 € monatlich in den alten und 331,00 € monatlich in den neuen Bundesländern. Das Sozialgeld liegt unter den Sätzen des Arbeitslosengelds II.

6. Unfallversicherung

In der gesetzlichen Unfallversicherung sind alle Arbeitnehmer gegen Arbeitsunfälle und Berufskrankheiten versichert. Träger sind die verschiedenen Berufsgenossenschaften für die einzelnen Berufszweige. Die Beiträge zur gesetzlichen Unfallversicherung tragen die Arbeitgeber alleine.

7. Schlussbemerkungen

Alle Daten in diesem Leitfaden beziehen sich auf das **Jahr 2006**. Da sich die Beitragssätze, die Beitragsbemessungsgrenzen und der Leistungskatalog ständig ändern, müssen die Angaben in diesem Leitfaden laufend aktualisiert werden. Auskünfte geben jeweils die Träger der Sozialversicherung und das Bundesministerium für Gesundheit und Soziale Sicherung.

Internetadressen:
Allgemeine Ortskrankenkassen (AOK): www.aok.de
Bundesagentur für Arbeit: www.arbeitsagentur.de
Bundesministerium für Gesundheit und Soziale Sicherung: www.bmgs.bund.de

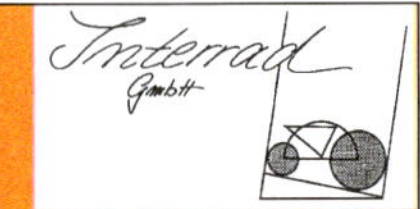

Situation

Die Lohn- und Gehaltsabrechnung für den Monat November 20.. soll erstellt werden. Die Daten für den neuen Mitarbeiter Michael Schröder sind noch nicht von der EDV erfasst worden. Deshalb muss die Gehaltsabrechnung manuell durchgeführt werden. Die Personaldaten entnehmen Sie der Personalstammkarte.

Verwenden Sie das Formular „Lohn- und Gehaltsabrechnung" der Interrad GmbH.

Arbeitsauftrag

1. Das Formular „Aktuelle Übersicht Steuer- und Sozialversicherungsstammdaten" zeigt Basisdaten, die durch Gesetzesänderungen und Anpassungen an die wirtschaftliche und soziale Entwicklung der Veränderung unterliegen.

   Aktualisieren Sie gegebenenfalls die Steuer- und Sozialversicherungsstammdaten. Verwenden Sie dazu das Blankoformular.

2. Führen Sie die Gehaltsabrechnung durch.

3. Richten Sie ein Lohn- und Gehaltskonto ein und buchen Sie die Beträge.

4. Übertragen Sie die Beträge des Lohn- und Gehaltskontos in die Lohn- und Gehaltsliste (Journal) für den Monat November.

5. Schreiben Sie den Überweisungsauftrag für die Gehaltszahlung. Die Löhne und Gehälter zahlt die Interrad GmbH von ihrem Konto Nr. 1 122 448 800 bei der Sparkasse Bremen, BLZ 290 501 01.

Anlagen/Arbeitsunterlagen

Aktuelle Übersicht Steuer- und Sozialversicherungsstammdaten (Bremen)
Blankoformular „Aktuelle Übersicht Steuer- und Sozialversicherungsstammdaten"
Personalstammkarte –   Seite 87
Blankoformular „Lohn- und Gehaltsabrechnung" der Interrad GmbH
Auszug Monatslohnsteuertabelle
Gegebenenfalls aktuelle Monatslohnsteuertabelle **
Lohn- und Gehaltskonto
Auszug Lohn- und Gehaltsliste
Blanko-Überweisungsformular

Steuern und Kindergeld

Solidaritätszuschlag	5,50 %
Kirchensteuer	9,00 %
Kammerbeiträge**	0,15 %
Geringfügige Beschäftigungsverhältnisse	400,00 €

** gilt nur in Bremen und im Saarland

	1. – 3. Kind	4. Kind u. w.
Kindergeld	154,00 €	179,00 €

Beitragssätze und Beitragsbemessungsgrenzen

	Beitragssätze		Beitragsbemessungsgrenzen	
	AN/AG 50 %	AN 100 %*	West	Ost
Krankenversicherung			3562,50 €	3562,50 €
AOK Allgemeiner Satz	13,60 %			
TK Allgemeiner Satz	13,70 %			
DAK Allgemeiner Satz	13,80 %			
HKK Allgemeiner Satz	12,60 %			
BEK Allgemeiner Satz	12,90 %			
Zusatzversicherung Zahnersatz*		0,40 %		
Zusatzversicherung Krankengeld*		0,50 %		
Pflegeversicherung	1,70 %		3562,50 €	3562,50 €
Beitragszuschlag Kinderlose*		0,25 %		
Rentenversicherung	19,50 %		5250,00 €	4400,00 €
Arbeitslosenversicherung	6,50 %		5250,00 €	4400,00 €

* Vom Arbeitnehmer allein zu tragen.

Adressen und Bankverbindungen

Allgemeine Ortskrankenkasse Bremen/Bremerhaven (AOK)
Postfach 10 79 63, 28079 Bremen – Bremer Bank, Konto-Nr.: 10001100, BLZ 290 800 10
Deutsche Angestellten Krankenkasse (DAK)
Postfach 10 63 29, 28063 Bremen – Bremer Bank, Konto-Nr.: 139112300, BLZ 290 800 10
Barmer Ersatzkasse (BEK)
Wachtstr. 27, 28079 Bremen – Commerzbank AG, Konto-Nr.: 24931456, BLZ 290 400 90
Handelskrankenkasse Bremen (HKK)
Martinistr. 26, 28195 Bremen – Sparkasse Bremen, Konto-Nr.: 1006543, BLZ 290 501 01
Finanzamt Bremen-Ost
Contrescarpe 67/71, 28057 Bremen – LZB Bremen, Konto-Nr.: 29001513, BLZ 290 000 00

Steuern und Kindergeld

Solidaritätszuschlag	
Kirchensteuer	
Kammerbeiträge**	** gilt nur in Bremen und im Saarland
Geringfügige Beschäftigungsverhältnisse	

	1. – 3. Kind	4. Kind u. w.
Kindergeld		

Beitragssätze und Beitragsbemessungsgrenzen

	Beitragssätze		Beitragsbemessungsgrenzen	
	AN/AG 50 %	AN 100 %*	West	Ost
Krankenversicherung				
AOK Allgemeiner Satz				
TKK Allgemeiner Satz				
DAK Allgemeiner Satz				
HKK Allgemeiner Satz				
BEK Allgemeiner Satz				
Zusatzversicherung Zahnersatz*				
Zusatzversicherung Krankengeld*				
Pflegeversicherung				
Beitragszuschlag Kinderlose*				
Rentenversicherung				
Arbeitslosenversicherung				

* Vom Arbeitnehmer allein zu tragen.

Adressen und Bankverbindungen

Personaldaten

Stamm-Nr.	Name	Vorname	Zeitraum

Anzahl Kinder	Kinderfreibetr.	Steuerklasse	Krankenkasse	Konfession

	Stunden	Zuschlag in %	Stundenlohn	
Gehalt				
Zeitlohn				
Überstunden A				
Überstunden B				
Überstunden C				
Sonstige				+

Sonderzahlungen (Urlaubsgeld, Weihnachtsgeld, Gratifikationen)   +

Vermögenswirksame Leistungen des Arbeitgebers   +

Bruttolohn/-gehalt   =

Monatlicher Steuerfreibetrag   −

Steuerpflichtiges Entgelt   =

Lohnsteuer   %

Solidaritätszuschlag   +

Kirchensteuer   +

Kammerbeitrag   +   Verbindlichk. Steuern

Zwischensumme 1 – abzuführen an das Finanzamt   =   −

	AN 50 %	AN 100 %	
Krankenversicherung			
Zusatzversicherung Zahnersatz			+
Zusatzversicherung Krankengeld			+
Pflegeversicherung			+
Beitragszuschlag Kinderlose			+
Rentenversicherung			+
Arbeitslosenversicherung			+

Verbindlichk. SV-Vers.

Zwischensumme 2 – abzuführen an die Krankenkasse   =   −

Arbeitgeberanteil zur Sozialversicherung   (AN-Antell)

Nettoentgelt   =

Vermögenswirksame Leistungen   −

Vorschuss/Abschlag   −

Steuerfreie Zulagen/Erstattung Auslagen   +

Bank/Bankleitzahl/Konto-Nr.

Auszahlungsbetrag   =

Abzüge an Lohnsteuer, Solidaritätszuschlag (SolZ) und Kirchensteuer (8%, 9%) in den Steuerklassen

Lohn/Gehalt bis €* — **I – VI** ohne Kinderfreibeträge | **I, II, III, IV** mit Zahl der Kinderfreibeträge (0,5 / 1 / 1,5 / 2 / 2,5 / 3**)

Lohn/Gehalt bis €	Kl.	LSt	SolZ	8%	9%	Kl.	LSt	SolZ 0,5	8% 0,5	9% 0,5	SolZ 1	8% 1	9% 1	SolZ 1,5	8% 1,5	9% 1,5	SolZ 2	8% 2	9% 2	SolZ 2,5	8% 2,5	9% 2,5	SolZ 3**	8% 3**	9% 3**
3 017,99	I,IV	566,75	31,17	45,34	51,—	I	566,75	26,83	39,03	43,91	22,67	32,98	37,10	18,68	27,18	30,57	14,87	21,64	24,34	11,24	16,36	18,40	7,79	11,33	12,74
	II	530,83	29,19	42,46	47,77	II	530,83	24,93	36,27	40,80	20,85	30,33	34,12	16,94	24,65	27,73	13,22	19,23	21,63	9,67	14,06	15,82	6,29	9,15	10,29
	III	275,33	15,14	22,02	24,77	III	275,33	10,63	17,21	19,36	—	12,53	14,09	—	8,21	9,23	—	4,38	4,93	—	1,05	1,18	—	—	—
	V	976,—	53,68	78,08	87,84	IV	566,75	28,98	42,15	47,42	26,83	39,03	43,91	24,73	35,97	40,46	22,67	32,98	37,10	20,65	30,04	33,80	18,68	27,18	30,57
	VI	1 008,25	55,45	80,66	90,74																				
3 020,99	I,IV	567,75	31,22	45,42	51,09	I	567,75	26,88	39,10	43,99	22,72	33,05	37,18	18,73	27,25	30,65	14,92	21,70	24,41	11,28	16,42	18,47	7,83	11,39	12,81
	II	531,83	29,25	42,54	47,86	II	531,83	24,98	36,34	40,88	20,90	30,40	34,20	16,99	24,72	27,81	13,26	19,29	21,70	9,71	14,12	15,89	6,33	9,21	10,36
	III	276,33	15,19	22,10	24,86	III	276,33	10,80	17,28	19,44	—	12,60	14,17	—	8,26	9,29	—	4,44	4,99	—	1,09	1,22	—	—	—
	V	977,25	53,74	78,18	87,95	IV	567,75	29,03	42,23	47,51	26,88	39,10	43,99	24,78	36,04	40,55	22,72	33,05	37,18	20,70	30,12	33,88	18,73	27,25	30,65
	VI	1 009,50	55,52	80,76	90,85																				
3 023,99	I,IV	568,75	31,28	45,50	51,18	I	568,75	26,93	39,18	44,07	22,77	33,12	37,26	18,78	27,32	30,73	14,96	21,77	24,49	11,33	16,48	18,54	7,87	11,45	12,88
	II	532,75	29,30	42,62	47,94	II	532,75	25,03	36,42	40,97	20,95	30,48	34,29	17,04	24,78	27,88	13,31	19,36	21,78	9,75	14,18	15,95	6,37	9,27	10,43
	III	277,16	15,24	22,17	24,94	III	277,16	11,—	17,36	19,53	—	12,66	14,24	—	8,33	9,37	—	4,49	5,05	—	1,14	1,28	—	—	—
	V	978,58	53,82	78,28	88,07	IV	568,75	29,08	42,30	47,59	26,93	39,18	44,07	24,83	36,12	40,63	22,77	33,12	37,26	20,75	30,18	33,95	18,78	27,32	30,73
	VI	1 010,75	55,59	80,86	90,96																				
3 026,99	I,IV	569,75	31,33	45,58	51,27	I	569,75	26,99	39,26	44,16	22,82	33,19	37,34	18,82	27,38	30,80	15,01	21,84	24,57	11,37	16,54	18,61	7,91	11,51	12,95
	II	533,75	29,35	42,70	48,03	II	533,75	25,08	36,49	41,05	21,—	30,54	34,36	17,08	24,85	27,95	13,35	19,42	21,85	9,79	14,24	16,02	6,41	9,32	10,49
	III	278,—	15,29	22,24	25,02	III	278,—	11,16	17,42	19,60	—	12,73	14,32	—	8,38	9,43	—	4,53	5,09	—	1,18	1,33	—	—	—
	V	979,83	53,89	78,38	88,18	IV	569,75	29,14	42,38	47,68	26,99	39,26	44,16	24,88	36,19	40,71	22,82	33,19	37,34	20,80	30,26	34,04	18,82	27,38	30,80
	VI	1 012,—	55,66	80,96	91,08																				
3 029,99	I,IV	570,66	31,38	45,65	51,35	I	570,66	27,04	39,33	44,24	22,87	33,26	37,42	18,87	27,45	30,88	15,06	21,90	24,64	11,41	16,60	18,68	7,95	11,57	13,01
	II	534,66	29,40	42,77	48,11	II	534,66	25,13	36,56	41,13	21,05	30,62	34,44	17,13	24,92	28,04	13,39	19,48	21,92	9,83	14,30	16,09	6,45	9,38	10,55
	III	279,—	15,34	22,32	25,11	III	279,—	11,33	17,49	19,67	—	12,80	14,40	—	8,44	9,49	—	4,58	5,15	—	1,24	1,39	—	—	—
	V	981,08	53,95	78,48	88,29	IV	570,66	29,19	42,46	47,76	27,04	39,33	44,24	24,93	36,26	40,79	22,87	33,26	37,42	20,84	30,32	34,11	18,87	27,45	30,88
	VI	1 013,25	55,72	81,06	91,19																				
3 032,99	I,IV	571,66	31,44	45,73	51,44	I	571,66	27,09	39,40	44,33	22,92	33,34	37,50	18,92	27,52	30,96	15,10	21,97	24,71	11,46	16,67	18,75	7,99	11,63	13,08
	II	535,66	29,46	42,85	48,20	II	535,66	25,19	36,64	41,22	21,09	30,68	34,52	17,18	24,99	28,11	13,44	19,55	21,99	9,88	14,37	16,16	6,49	9,44	10,62
	III	279,83	15,39	22,38	25,18	III	279,83	11,50	17,56	19,75	—	12,86	14,47	—	8,50	9,56	—	4,64	5,22	—	1,28	1,44	—	—	—
	V	982,33	54,02	78,58	88,40	IV	571,66	29,24	42,54	47,85	27,09	39,40	44,33	24,98	36,34	40,88	22,92	33,34	37,50	20,90	30,40	34,20	18,92	27,52	30,96
	VI	1 014,50	55,79	81,16	91,30																				
3 035,99	I,IV	572,66	31,49	45,81	51,53	I	572,66	27,14	39,48	44,41	22,97	33,41	37,58	18,97	27,59	31,04	15,15	22,04	24,79	11,50	16,73	18,82	8,03	11,69	13,15
	II	536,66	29,51	42,93	48,29	II	536,66	25,24	36,71	41,30	21,14	30,76	34,60	17,22	25,06	28,19	13,48	19,62	22,07	9,92	14,43	16,23	6,53	9,50	10,69
	III	280,66	15,43	22,45	25,25	III	280,66	11,66	17,62	19,82	—	12,93	14,54	—	8,56	9,63	—	4,69	5,27	—	1,32	1,48	—	—	—
	V	983,58	54,09	78,68	88,52	IV	572,66	29,29	42,61	47,93	27,14	39,48	44,41	25,03	36,41	40,96	22,97	33,41	37,58	20,95	30,47	34,28	18,97	27,59	31,04
	VI	1 015,75	55,86	81,26	91,41																				
3 038,99	I,IV	573,66	31,55	45,89	51,62	I	573,66	27,19	39,56	44,50	23,01	33,48	37,66	19,02	27,66	31,12	15,19	22,10	24,86	11,55	16,80	18,90	8,08	11,75	13,22
	II	537,58	29,56	43,—	48,38	II	537,58	25,29	36,78	41,38	21,19	30,82	34,67	17,27	25,12	28,26	13,53	19,68	22,14	9,96	14,49	16,30	6,57	9,56	10,75
	III	281,50	15,48	22,52	25,33	III	281,50	11,83	17,69	19,90	0,06	12,98	14,60	—	8,62	9,70	—	4,74	5,33	—	1,37	1,54	—	—	—
	V	984,83	54,16	78,78	88,63	IV	573,66	29,35	42,69	48,02	27,19	39,56	44,50	25,08	36,48	41,04	23,01	33,48	37,66	20,99	30,54	34,35	19,02	27,66	31,12
	VI	1 017,08	55,93	81,36	91,53																				
3 041,99	I,IV	574,66	31,60	45,97	51,71	I	574,66	27,24	39,63	44,58	23,06	33,55	37,74	19,06	27,73	31,19	15,23	22,16	24,93	11,59	16,86	18,96	8,12	11,81	13,28
	II	538,58	29,62	43,08	48,47	II	538,58	25,34	36,86	41,47	21,24	30,90	34,76	17,32	25,19	28,34	13,57	19,74	22,21	10,—	14,55	16,37	6,61	9,62	10,82
	III	282,50	15,53	22,60	25,42	III	282,50	12,—	17,76	19,98	0,26	13,06	14,69	—	8,68	9,76	—	4,80	5,40	—	1,41	1,58	—	—	—
	V	986,08	54,23	78,88	88,74	IV	574,66	29,40	42,77	48,11	27,24	39,63	44,58	25,13	36,56	41,13	23,06	33,55	37,74	21,04	30,61	34,43	19,06	27,73	31,19
	VI	1 018,33	56,—	81,46	91,64																				
3 044,99	I,IV	575,58	31,65	46,04	51,80	I	575,58	27,29	39,70	44,66	23,11	33,62	37,82	19,11	27,80	31,27	15,28	22,23	25,01	11,63	16,92	19,04	8,16	11,87	13,35
	II	539,50	29,67	43,16	48,55	II	539,50	25,39	36,94	41,55	21,29	30,97	34,84	17,37	25,26	28,42	13,62	19,81	22,28	10,05	14,62	16,44	6,65	9,68	10,89
	III	283,33	15,58	22,66	25,49	III	283,33	12,16	17,82	20,05	0,43	13,13	14,77	—	8,74	9,83	—	4,85	5,45	—	1,45	1,63	—	—	—
	V	987,33	54,30	78,98	88,85	IV	575,58	29,45	42,84	48,20	27,29	39,70	44,66	25,18	36,63	41,21	23,11	33,62	37,82	21,09	30,68	34,51	19,11	27,80	31,27
	VI	1 019,58	56,07	81,56	91,76																				
3 047,99	I,IV	576,58	31,71	46,12	51,89	I	576,58	27,35	39,78	44,75	23,16	33,70	37,91	19,16	27,87	31,35	15,33	22,30	25,08	11,67	16,98	19,10	8,20	11,93	13,42
	II	540,50	29,72	43,24	48,64	II	540,50	25,44	37,01	41,63	21,34	31,04	34,92	17,41	25,33	28,49	13,66	19,87	22,35	10,09	14,68	16,51	6,69	9,74	10,95
	III	284,16	15,62	22,73	25,57	III	284,16	12,31	17,90	20,14	0,60	13,20	14,85	—	8,80	9,90	—	4,90	5,51	—	1,50	1,69	—	—	—
	V	988,66	54,37	79,09	88,97	IV	576,58	29,51	42,92	48,29	27,35	39,78	44,75	25,23	36,70	41,29	23,16	33,70	37,91	21,14	30,75	34,59	19,16	27,87	31,35
	VI	1 020,83	56,14	81,66	91,87																				
3 050,99	I,IV	577,58	31,76	46,20	51,98	I	577,58	27,40	39,86	44,84	23,21	33,77	37,99	19,20	27,94	31,43	15,37	22,36	25,16	11,72	17,05	19,18	8,24	11,99	13,49
	II	541,50	29,78	43,32	48,73	II	541,50	25,49	37,08	41,72	21,39	31,11	35,—	17,46	25,40	28,57	13,70	19,94	22,43	10,13	14,74	16,58	6,73	9,80	11,02
	III	285,—	15,67	22,80	25,65	III	285,—	12,35	17,97	20,21	0,76	13,26	14,92	—	8,86	9,97	—	4,96	5,58	—	1,54	1,73	—	—	—
	V	989,91	54,44	79,19	89,09	IV	577,58	29,56	43,—	48,37	27,40	39,86	44,84	25,29	36,78	41,38	23,21	33,77	37,99	21,19	30,82	34,67	19,20	27,94	31,43
	VI	1 022,08	56,21	81,76	91,98																				
3 053,99	I,IV	578,58	31,82	46,28	52,07	I	578,58	27,45	39,93	44,92	23,26	33,84	38,07	19,25	28,01	31,51	15,42	22,43	25,23	11,76	17,11	19,25	8,28	12,05	13,55
	II	542,41	29,83	43,39	48,81	II	542,41	25,54	37,16	41,80	21,44	31,18	35,08	17,50	25,46	28,64	13,75	20,—	22,50	10,17	14,80	16,65	6,77	9,85	11,08
	III	286,—	15,73	22,88	25,74	III	286,—	12,40	18,04	20,29	0,93	13,33	14,99	—	8,92	10,03	—	5,01	5,63	—	1,60	1,80	—	—	—
	V	991,16	54,51	79,29	89,20	IV	578,58	29,61	43,08	48,46	27,45	39,93	44,92	25,34	36,86	41,46	23,26	33,84	38,07	21,23	30,89	34,75	19,25	28,01	31,51
	VI	1 023,33	56,28	81,86	92,09																				
3 056,99	I,IV	579,58	31,87	46,36	52,16	I	579,58	27,50	40,01	45,01	23,32	33,92	38,16	19,30	28,08	31,59	15,46	22,50	25,31	11,81	17,18	19,32	8,32	12,11	13,62
	II	543,41	29,88	43,47	48,90	II	543,41	25,59	37,23	41,88	21,48	31,25	35,15	17,55	25,53	28,72	13,80	20,07	22,58	10,21	14,86	16,71	6,81	9,91	11,15
	III	286,83	15,77	22,94	25,81	III	286,83	12,44	18,10	20,36	1,10	13,40	15,07	—	8,98	10,10	—	5,06	5,69	—	1,64	1,84	—	—	—
	V	992,41	54,58	79,39	89,31	IV	579,58	29,66	43,15	48,54	27,50	40,01	45,01	25,39	36,93	41,54	23,32	33,92	38,16	21,28	30,96	34,83	19,30	28,08	31,59
	VI	1 024,58	56,35	81,96	92,21																				
3 059,99	I,IV	580,50	31,92	46,44	52,24	I	580,50	27,55	40,08	45,09	23,36	33,98	38,23	19,35	28,14	31,66	15,51	22,56	25,38	11,85	17,24	19,39	8,36	12,17	13,69
	II	544,33	29,93	43,54	48,98	II	544,33	25,64	37,30	41,96	21,53	31,32	35,24	17,60	25,60	28,80	13,84	20,13	22,64	10,26	14,92	16,79	6,85	9,97	11,21
	III	287,66	15,82	23,01	25,88	III	287,66	12,49	18,17	20,44	1,26	13,46	15,14	—	9,04	10,17	—	5,12	5,76	—	1,68	1,89	—	—	—
	V	993,66	54,65	79,49	89,42	IV	580,50	29,72	43,23	48,63	27,55	40,08	45,09	25,44	37,—	41,63	23,36	33,98	38,23	21,34	31,04	34,92	19,35	28,14	31,66
	VI	1 025,83	56,42	82,06	92,32																				

* Die ausgewiesenen Tabellenwerte sind amtlich. Siehe Erläuterungen auf der Umschlaginnenseite (U2).
** Bei mehr als 3 Kinderfreibeträgen ist die „Ergänzungs-Tabelle 3,5 bis 6 Kinderfreibeträge" anzuwenden.

Lohn- und Gehaltskonto

Personaldaten

· Personal-Stamm-Nr.

· Nachname/Vorname

· Steuerklasse/Anzahl Kinder

· Konfession

· Krankenkasse

Quartal (Blatt)

· Lohn / Gehalt

· VWL AG

· VWL AN

· VWL insgesamt

Steuerpflichtig

	Übertrag aus Vorblatt	Oktober	November	Dezember
· Gehalt/Lohn				
· Überstundenzuschläge +				
· Sonstige Zuschläge +				
· Sonderzahlungen +				
· VWL des Arbeitgebers +				
· Sonstiges +				
· Monatlicher Steuerfreibetrag −				
Summe 1 =				

Steuerfrei

· Zulagen/Erstattungen				
· Sonstiges +				
Summe 2 =				

Gesamtverdienst

· Summe 1 + Summe 2				

Abzüge

· Lohnsteuer				
· Solidaritätszuschlag +				
· Kirchensteuer ev. +				
· Kirchensteuer rk. +				
· Kammerbeitrag +				
· Krankenversicherung 50 % +				
· Zusatzversicherung Zahnersatz 100 % +				
· Zusatzversicherung Krankengeld 100 % +				
· Pflegeversicherung +				
· Beitragszuschlag für Kinderlose 100 % +				
· Rentenversicherung 50 % +				
· Arbeitslosenversicherung 50 % +				
· VWL +				
· Verrechnung Vorschuss +				
· Sonstige Abzüge +				
Summe 3 =				

Auszahlungsbetrag

Gesamtverdienst - Abzüge				

Sozialversicherung

Arbeitnehmeranteil				
Arbeitgeberanteil				

Lohn- und Gehaltsliste (Journal)

Monat: November 20..

		Übertrag aus dem Vorblatt					Übertrag auf das Folgeblatt
Personal-Stamm-Nr.							
Nachname							
Krankenkasse							
Steuerpflichtige Entgelte		292.699,00					
VWL Arbeitgeberzuschuss	+	3.068,00					
Steuerfreie Zulagen/Erstattungen	+	0,00					
Sonstige steuerfreie Leistungen	+	0,00					
Gesamtverdienst	=	295.767,00					
· Lohnsteuer		31.751,44					
· Solidaritätszuschlag	+	1.562,60					
· Kirchensteuer ev.	+	1.457,07					
· Kirchensteuer rk.	+	485,69					
· Kammerbeitrag	+	0,00					
Zwischensumme 1	=	35.256,80					
· Krankenversicherung 50 %	+	20.678,91					
· Zusatzversicherung Zahnersatz 100 %	+	1.183,07					
· Zusatzversicherung Krankengeld 100 %	+	1.478,84					
· Pflegeversicherung 50 %	+	2.514,02					
· Beitragszuschlag für Kinderlose 100 %	+	295,77					
· Rentenversicherung 50 %	+	28.837,28					
· Arbeitslosenversicherung 50 %	+	9.612,43					
Zwischensumme 2	=	64.600,32					
· VWL	+	4.602,00					
· Verrechnung Vorschuss	+	0,00					
· Sonstige Abzüge	+	0,00					
Zwischensumme 3	=	4.602,00					
Abzüge (Zwischensumme 1 + 2 + 3)		104.459,12					
Auszahlungsbetrag		191.307,88					
Arbeitnehmeranteil zur Sozialv.		64.600,32					
Arbeitgeberanteil zur Sozialv.		61.642,64					

3223 Abraham/Nemeth/Schalk, Interrad GmbH – Lernfeld Personalwirtschaft

Ausfüllhinweise

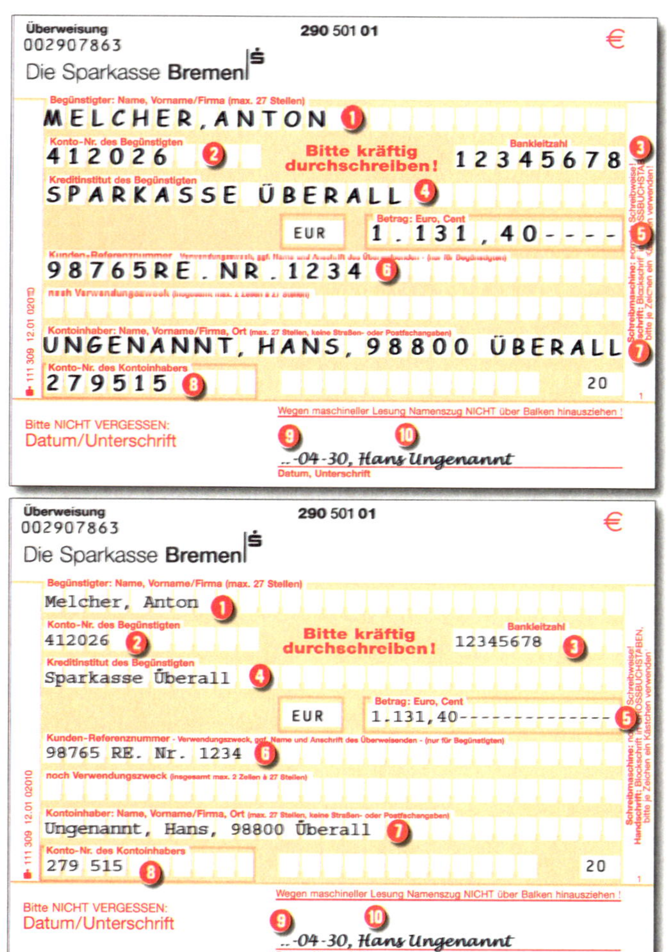

1. Name, Vorname / Firma des Empfängers

2. Kontonummer des Empfängers

3. Bankleitzahl des Empfänger-Kreditinstitutes

   Die Bankleitzahl finden Sie auf der Rechnung des Zahlungsempfängers

4. Name des Empfänger-Kreditinstitutes

5. **Überweisungsbetrag immer von links beginnend eintragen. Für das Komma und ggf. Punkt ein eigenes Kästchen verwenden. Der freie Raum kann durch einen waagerechten Strich entwertet werden.**

6. **Verwendungszweck in Kurzform:** Die vom Zahlungsempfänger auf Rechnungen vorgegebene Rechnungs- oder Kundennummer unbedingt eintragen.

7. Ihr Name, Postleitzahl und Ort

8. Ihre Kontonummer

9. Datum

10. Ihre Unterschrift

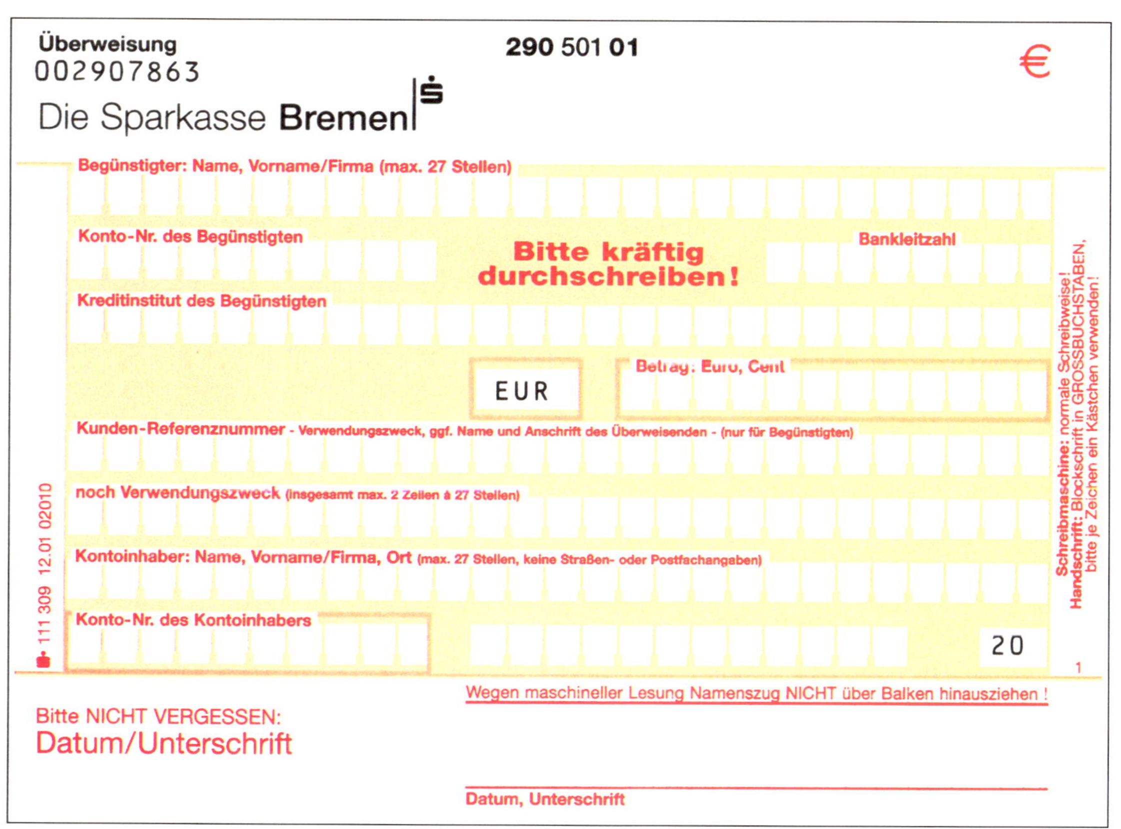

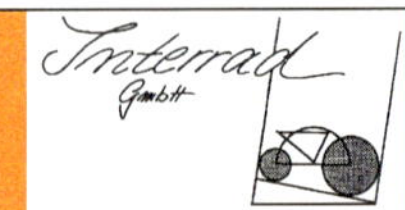

Situation

Die Interrad GmbH stellt Produkte von hoher Qualität her. Eine Voraussetzung hierfür ist ein ruhiges Arbeitsklima. Von den Arbeitern in der Produktion wird besondere Sorgfalt und Selbstständigkeit erwartet. Die Entlohnung erfolgt aus diesem Grund nach der im Betrieb geleisteten Arbeitszeit. Die Angestellten werden für einen Monat entlohnt und erhalten ein Gehalt. Die Arbeiter in der Montage beziehen ihr Entgelt nach der Anzahl der geleisteten Arbeitsstunden als Zeitlohn.

Auf dem Arbeitszeitnachweis werden der Arbeitsbeginn und das Arbeitsende festgehalten. Die vorgesehenen SOLL-Arbeitszeiten und die festgelegten Pausen sind gelb unterlegt. Pausen werden nicht bezahlt. Mehrarbeit wird ab 30 Minuten angerechnet. Mehrarbeit, die 30 Minuten überschreitet, wird je angefangene halbe Stunde berücksichtigt.

Für den Zweiradmechaniker mit der Stammnummer 200 müssen für den Monat November 20.. anhand des Arbeitszeitnachweises (vgl. Anlage) die geleisteten Stunden ermittelt und die Lohnabrechnung erstellt werden.

Arbeitsauftrag

1. Im Arbeitszeitnachweis müssen noch für den Zeitraum vom 15. bis zum 30. November die Stundenberechnungen durchgeführt werden.

   a) Ermitteln Sie die geleistete Arbeitszeit in Stunden und Minuten (IST-Stunden).

   b) Berechnen Sie die Anzahl der Unter- bzw. Überstunden, indem Sie die IST-Stunden mit den SOLL-Stunden vergleichen.

   c) Bestimmen Sie die Höhe des Zuschlagssatzes für die geleisteten Überstunden.

   d) Tragen Sie in die Zeile „Bemerkungen" die Stundenart (siehe Erläuterungen zu den Bemerkungen) ein. Normalstunden werden nicht eingetragen.

2. Füllen Sie den Bereich „Monatsabrechnung" des Arbeitszeitnachweises aus.

   a) Addieren Sie die IST-Stunden und die Überstunden mit den verschiedenen Zuschlagssätzen (Überstunden A, B und C). Tragen Sie die Summen in die entsprechenden Felder der Spalte 1 ein.

   b) Errechnen Sie die Normalstunden, indem Sie die Überstunden von den IST-Stunden abziehen (Spalte 1).

   c) Addieren Sie die Unterstunden und tragen Sie die Summe in das entsprechende Feld der Spalte 1 ein.

2. d) Ermitteln Sie zur Kontrolle die SOLL-Stunden, indem Sie die Unterstunden zu den Normalstunden hinzuzählen. Tragen Sie anschließend die SOLL-Stunden in das entsprechende Feld der Spalte 1 ein.

   e) Errechnen Sie den Stundenlohn für Entgelte mit Zuschlägen und tragen Sie die Beträge in die Spalte 4 ein.

3. Erstellen Sie die Lohnabrechnung. Rechnen Sie zuvor die geleisteten Stunden und Minuten in eine Dezimalzahl um. Alle Entgelte und der Zuschuss des Arbeitgebers zu den vermögenswirksamen Leistungen sind steuerpflichtig.

4. Buchen Sie die Beträge auf dem Lohn- und Gehaltskonto.

5. Übertragen Sie die Beträge des Lohn- und Gehaltskontos in die Lohn- und Gehaltsliste für November.

6. Schreiben Sie die Überweisungsaufträge für den Lohn und die vermögenswirksamen Leistungen. Zahlungen wickelt die Interrad GmbH über das Konto Nr. 1 122 448 800 bei der Sparkasse Bremen, BLZ 290 501 01, ab.

7. Im Gegensatz zum Akkordlohn zahlt die Interrad GmbH ihren Mitarbeitern/-innen einen Zeitlohn. Begründen Sie, warum sich die Interrad GmbH für diese Lohnform entschieden hat.

8. Begründen Sie, warum beim Lohn nicht die gesamte Anwesenheit im Betrieb bezahlt wird.

Anlagen/Arbeitsunterlagen

Arbeitszeitnachweis
Blankoformular „Lohn- und Gehaltsabrechnung" der Interrad GmbH
Personalstammkarte
Aktuelle Übersicht Steuer- und Sozialversicherungsstammdaten – Seite 107
Auszug Monatslohnsteuertabelle
Gegebenenfalls aktuelle Monatslohnsteuertabelle **
Lohn- und Gehaltskonto
Lohn- und Gehaltsliste – Seite 112
Blanko-Überweisungsformulare

Arbeitszeitnachweis — Wochenarbeitszeit — 37,5 Stunden

| Stammnummer | 200 | Name | Herbert Weiß | Zeitraum (Jahr / Monat) | .. / 11 | Abteilung / Stelle | Montage/Arbeitsstation 18 |

Datum	Arbeitszeiten		1	2	3	4	5	6	7	8	9	10	11	12	13	14	15
Wochentag	Mo.-Do.	Fr.	Sa.	So.	Mo.	Di.	Mi.	Do.	Fr.	Sa.	So.	Mo.	Di.	Mi.	Do.	Fr.	Sa
Arbeitsbeginn	8:00	8:00	-	-	8:00	8:00	8:00	7:30	8:00	–	–	8:00	8:00	8:00	8:00	8:00	9:00
Arbeitsende	16:30	16:00	-	-	16:30	16:30	16:30	17:30	16:00	–	–	16:30	15:00	16:30	19:00	17:00	12:00
Differenz	8:30	8:00	-	-	8:30	8:30	8:30	10:00	8:00	–	–	8:30	7:00	8:30	11:00	9:00	3:00
Pause	1:00	0:30	-	-	1:00	1:00	1:00	1:00	0:30	–	–	1:00	1:00	1:00	1:00	1:00	0:00
IST-Stunden	7:30	7:30			7:30	7:30	7:30	9:00	7:30			7:30	6:00	7:30	10:00	8:00	3:00
SOLL-Stunden	7:30	7:30	-	-	7:30	7:30	7:30	7:30	7:30	–	–	7:30	7:30	7:30	7:30	7:30	0:00
Unterstunden					0:00	0:00	0:00	0:00	0:00			0:00	1:30	0:00	0:00	0:00	0:00
Überstunden					0:00	0:00	0:00	1:30	0:00			0:00	0:00	0:00	2:30	0:30	3:00
Zuschlagssatz					-	-	-	25 %	-			-	-	-	40 %	25 %	50 %
Bemerkungen								A					U		B	A	C

Datum			16	17	18	19	20	21	22	23	24	25	26	27	28	29	30
Wochentag			So.	Mo.	Di.	Mi.	Do.	Fr.	Sa.	So.	Mo.	Di.	Mi.	Do.	Fr.	Sa.	So.
Arbeitsbeginn			-	8:00	8:00	7:00	8:00	8:00	–	–	10:00	8:00	8:00	8:00	8:00	9:30	–
Arbeitsende			-	16:30	16:30	19:30	16:30	16:00	–	–	16:30	16:30	17:30	16:30	16:00	13:30	–
Differenz			-						–	–							–
Pause			-	1:00	1:00	1:00	1:00	0:30	–	–	1:00	1:00	1:00	1:00	0:30	0:00	–
IST-Stunden																	
SOLL-Stunden			-	7:30	7:30	7:30	7:30	7:30	–	–	7:30	7:30	7:30	7:30	7:30	0:00	–	150:00
Unterstunden																	
Überstunden																	
Zuschlagssatz																	
Bemerkungen																	

Monatsabrechung

	1	2	3	4	5
IST-Stunden					
- Überstunden A		25 %	10,60		x
- Überstunden B		40 %	10,60		x
- Überstunden C		50 %	10,60		x
- Überstunden D		100 %	10,60		
= Normalstunden		0 %	10,60		x
+ Unterstunden					
= Sollstunden					

Erläuterungen zu den Spalten

1 = Summe der Stunden
2 = Zuschlagssätze bei Mehrarbeit
3 = Stundenlohn in €
4 = Stundenlohn inklusive Zuschlag
5 = steuerpflichtig = x

Erläuterungen zu den Bemerkungen

A = 25 % Zuschlag bei Mehrarbeit Mo. - Fr. bis zu 2 Stunden
B = 40 % Zuschlag bei Mehrarbeit Mo. - Fr. über 2 Stunden
C = 50 % Zuschlag bei Mehrarbeit Sa.
D = 100 % Zuschlag bei Mehrarbeit an gesetzlichen Feiertagen
U = Unterstunden
K = Krankenstunden
O = Unbezahlter Urlaub

Datum/Sachbearbeiter/-in

3223 Abraham/Nemeth/Schalk, Interrad GmbH – Lernfeld Personalwirtschaft

Lohn- und Gehaltsabrechnung

Personaldaten

Stamm-Nr.	Name	Vorname	Zeitraum

Anzahl Kinder	Kinderfreibetr.	Steuerklasse	Krankenkasse	Konfession

	Stunden	Zuschlag in %	Stundenlohn	
Gehalt				
Zeitlohn				
Überstunden A				
Überstunden B				
Überstunden C				
Sonstige				+
Sonderzahlungen (Urlaubsgeld, Weihnachtsgeld, Gratifikationen)				+
Vermögenswirksame Leistungen des Arbeitgebers				+
Bruttolohn/-gehalt				=
Monatlicher Steuerfreibetrag				–
Steuerpflichtiges Entgelt				=

	%		
Lohnsteuer			
Solidaritätszuschlag			+
Kirchensteuer			+
Kammerbeitrag			+
Zwischensumme 1 – abzuführen an das Finanzamt		=	– Verbindlichk. Steuern

	AN 50 %	AN 100 %	
Krankenversicherung			
Zusatzversicherung Zahnersatz			+
Zusatzversicherung Krankengeld			+
Pflegeversicherung			+
Beitragszuschlag Kinderlose			+
Rentenversicherung			+
Arbeitslosenversicherung			+ Verbindlichk. SV-Vers.
Zwischensumme 2 – abzuführen an die Krankenkasse		=	–
Arbeitgeberanteil zur Sozialversicherung			(AN-Anteil)

Nettoentgelt	=
Vermögenswirksame Leistungen	–
Vorschuss/Abschlag	–
Steuerfreie Zulagen/Erstattung Auslagen	+

Bank/Bankleitzahl/Konto-Nr.

Auszahlungsbetrag	=

3223 Abraham/Nemeth/Schalk, Interrad GmbH – Lernfeld Personalwirtschaft

Personenstammdaten

Personalstammnummer	Nachname	Vorname
200	Weiß	Herbert

Straße	Postleitzahl	Wohnort
Lausanner Straße 56	28325	Bremen

Vorwahl / Rufnummer	Geburtsdatum	Geburtsort
0421 421087	67-12-21	Cloppenburg

Staatsangehörigkeit	Religionszugehörigkeit	Familienstand
deutsch	römisch-katholisch (rk.)	verheiratet

Anzahl der Kinder (Kindergeld)	Steuerklasse / Kinderfreibeträge		Sonstige Freibeträge
eins	IV	1,0	0,00 €

Bankverbindung	Bankleitzahl (BLZ)	Kontonummer
Noris Verbraucherbank	202 203 00	411 563

Krankenkasse	Sozialversicherungsnummer	Anmeldedatum
AOK Bremen	73 211267 W 10 5	01-04-01

Bankverbindung VWL	BLZ VWL	Konto-Nr. VWL
Sparkasse Bremen	290 501 01	55417814

Vertragsnummer	Zuschuss AG	Sparsumme monatlich
557403 219/LBS Bremen	25,00 €	40,00 €

Betriebsdaten

Personalstammnummer	Nachname	Vorname
200	Weiß	Herbert

Abteilung	Stelle	Tätigkeit
Montage	Arbeitsstation 18	Zweiradmechaniker

Status	Datum Eintritt	Datum Austritt
Arbeiter	01-04-01	

Gehaltsgruppe	Lohngruppe	Erläuterungen
	IV	ab 2004 Lohngruppe IV

Gehalt	Stundenlohn	Akkordlohn
	10,60 €	

Urlaub	Freistellungen/Sonderurlaub	Begründung
30 Arbeitstage		

Bemerkungen 1

Stundenlohn gemäß dem jeweils gültigen Lohn- und Gehaltstarifvertrag

Bemerkungen 2

Überstundenzuschläge gemäß dem jeweils gültigen Manteltarifvertrag

Abzüge an Lohnsteuer, Solidaritätszuschlag (SolZ) und Kirchensteuer (8%, 9%) in den Steuerklassen

Lohn/Gehalt — I – VI (ohne Kinderfreibeträge) — I, II, III, IV (mit Zahl der Kinderfreibeträge …)

Lohn/Gehalt bis €*	Kl	LSt	SolZ	8%	9%	Kl	LSt	0,5 SolZ	0,5 8%	0,5 9%	1 SolZ	1 8%	1 9%	1,5 SolZ	1,5 8%	1,5 9%	2 SolZ	2 8%	2 9%	2,5 SolZ	2,5 8%	2,5 9%	3** SolZ	3** 8%	3** 9%
1 802,99	I,IV	207,75	11,42	16,62	18,69	I	207,75	7,96	11,58	13,02	0,80	6,80	7,65	—	2,61	2,93	—	—	—	—	—	—	—	—	—
	II	179,—	9,84	14,32	16,11	II	179,—	6,45	9,39	10,56	—	4,78	5,38	—	1,04	1,17	—	—	—	—	—	—	—	—	—
	III	12,66	—	1,01	1,13	III	12,66	—	—	—	—	—	—	—	—	—	—	—	—	—	—	—	—	—	—
	V	476,83	26,22	38,14	42,91	IV	207,75	9,67	14,06	15,82	7,96	11,58	13,02	6,29	9,16	10,30	0,80	6,80	7,65	—	4,58	5,15	—	2,61	2,93
	VI	505,50	27,80	40,44	45,49																				
1 805,99	I,IV	208,50	11,46	16,68	18,76	I	208,50	8,—	11,64	13,09	0,95	6,86	7,71	—	2,66	2,99	—	—	—	—	—	—	—	—	—
	II	179,75	9,88	14,38	16,17	II	179,75	6,49	9,45	10,63	—	4,84	5,44	—	1,08	1,22	—	—	—	—	—	—	—	—	—
	III	13,—	—	1,04	1,17	III	13,—	—	—	—	—	—	—	—	—	—	—	—	—	—	—	—	—	—	—
	V	477,83	26,28	38,22	43,—	IV	208,50	9,71	14,12	15,89	8,—	11,64	13,09	6,33	9,22	10,37	0,95	6,86	7,71	—	4,63	5,21	—	2,66	2,99
	VI	506,66	27,86	40,53	45,59																				
1 808,99	I,IV	209,33	11,51	16,74	18,83	I	209,33	8,04	11,70	13,16	1,08	6,91	7,77	—	2,70	3,03	—	—	—	—	—	—	—	—	—
	II	180,50	9,92	14,44	16,24	II	180,50	6,54	9,51	10,70	—	4,89	5,50	—	1,12	1,26	—	—	—	—	—	—	—	—	—
	III	13,33	—	1,06	1,19	III	13,33	—	—	—	—	—	—	—	—	—	—	—	—	—	—	—	—	—	—
	V	479,—	26,34	38,32	43,11	IV	209,33	9,75	14,19	15,96	8,04	11,70	13,16	6,37	9,27	10,43	1,08	6,91	7,77	—	4,68	5,27	—	2,70	3,03
	VI	507,83	27,93	40,62	45,70																				
1 811,99	I,IV	210,16	11,55	16,81	18,91	I	210,16	8,08	11,76	13,23	1,23	6,97	7,84	—	2,74	3,08	—	—	—	—	—	—	—	—	—
	II	181,33	9,97	14,50	16,31	II	181,33	6,58	9,57	10,76	—	4,94	5,56	—	1,17	1,31	—	—	—	—	—	—	—	—	—
	III	13,83	—	1,10	1,24	III	13,83	—	—	—	—	—	—	—	—	—	—	—	—	—	—	—	—	—	—
	V	480,16	26,40	38,41	43,21	IV	210,16	9,79	14,25	16,03	8,08	11,76	13,23	6,41	9,33	10,49	1,23	6,97	7,84	—	4,74	5,33	—	2,74	3,08
	VI	509,—	27,99	40,72	45,81																				
1 814,99	I,IV	210,91	11,60	16,87	18,98	I	210,91	8,13	11,82	13,30	1,38	7,03	7,91	—	2,79	3,14	—	—	—	—	—	—	—	—	—
	II	182,08	10,01	14,56	16,38	II	182,08	6,62	9,63	10,83	—	5,—	5,62	—	1,21	1,36	—	—	—	—	—	—	—	—	—
	III	14,16	—	1,13	1,27	III	14,16	—	—	—	—	—	—	—	—	—	—	—	—	—	—	—	—	—	—
	V	481,33	26,47	38,50	43,31	IV	210,91	9,84	14,32	16,11	8,13	11,82	13,30	6,45	9,39	10,56	1,38	7,03	7,91	—	4,78	5,38	—	2,79	3,14
	VI	510,—	28,05	40,80	45,90																				
1 817,99	I,IV	211,75	11,64	16,94	19,05	I	211,75	8,17	11,88	13,37	1,51	7,08	7,97	—	2,84	3,19	—	—	—	—	—	—	—	—	—
	II	182,91	10,06	14,63	16,46	II	182,91	6,66	9,69	10,90	—	5,05	5,68	—	1,25	1,40	—	—	—	—	—	—	—	—	—
	III	14,50	—	1,16	1,30	III	14,50	—	—	—	—	—	—	—	—	—	—	—	—	—	—	—	—	—	—
	V	482,33	26,52	38,58	43,40	IV	211,75	9,88	14,38	16,17	8,17	11,88	13,37	6,49	9,45	10,63	1,51	7,08	7,97	—	4,84	5,44	—	2,84	3,19
	VI	511,16	28,11	40,89	46,—																				
1 820,99	I,IV	212,58	11,69	17,—	19,13	I	212,58	8,21	11,94	13,43	1,66	7,14	8,03	—	2,88	3,24	—	—	—	—	—	—	—	—	—
	II	183,66	10,10	14,69	16,52	II	183,66	6,70	9,75	10,97	—	5,10	5,74	—	1,29	1,45	—	—	—	—	—	—	—	—	—
	III	14,83	—	1,18	1,33	III	14,83	—	—	—	—	—	—	—	—	—	—	—	—	—	—	—	—	—	—
	V	483,50	26,59	38,68	43,51	IV	212,58	9,92	14,44	16,24	8,21	11,94	13,43	6,54	9,51	10,70	1,66	7,14	8,03	—	4,89	5,50	—	2,88	3,24
	VI	512,33	28,17	40,98	46,10																				
1 823,99	I,IV	213,33	11,73	17,06	19,19	I	213,33	8,25	12,—	13,50	1,81	7,20	8,10	—	2,93	3,29	—	—	—	—	—	—	—	—	—
	II	184,41	10,14	14,75	16,59	II	184,41	6,74	9,81	11,03	—	5,16	5,80	—	1,33	1,49	—	—	—	—	—	—	—	—	—
	III	15,33	—	1,22	1,37	III	15,33	—	—	—	—	—	—	—	—	—	—	—	—	—	—	—	—	—	—
	V	484,50	26,64	38,76	43,60	IV	213,33	9,97	14,50	16,31	8,25	12,—	13,50	6,58	9,57	10,76	1,81	7,20	8,10	—	4,94	5,56	—	2,93	3,29
	VI	513,50	28,24	41,08	46,21																				
1 826,99	I,IV	214,16	11,77	17,13	19,27	I	214,16	8,29	12,06	13,57	1,95	7,26	8,16	—	2,98	3,35	—	—	—	—	—	—	—	—	—
	II	185,25	10,18	14,82	16,67	II	185,25	6,78	9,87	11,10	—	5,21	5,86	—	1,37	1,54	—	—	—	—	—	—	—	—	—
	III	15,66	—	1,25	1,40	III	15,66	—	—	—	—	—	—	—	—	—	—	—	—	—	—	—	—	—	—
	V	485,66	26,71	38,85	43,70	IV	214,16	10,01	14,56	16,38	8,29	12,06	13,57	6,62	9,63	10,83	1,95	7,26	8,16	—	5,—	5,62	—	2,98	3,35
	VI	514,66	28,30	41,17	46,31																				
1 829,99	I,IV	214,91	11,82	17,19	19,34	I	214,91	8,33	12,12	13,64	2,10	7,32	8,23	—	3,02	3,40	—	—	—	—	—	—	—	—	—
	II	186,—	10,23	14,88	16,74	II	186,—	6,82	9,93	11,17	—	5,26	5,92	—	1,42	1,59	—	—	—	—	—	—	—	—	—
	III	16,—	—	1,28	1,44	III	16,—	—	—	—	—	—	—	—	—	—	—	—	—	—	—	—	—	—	—
	V	486,83	26,77	38,94	43,81	IV	214,91	10,06	14,63	16,46	8,33	12,12	13,64	6,66	9,69	10,90	2,10	7,32	8,23	—	5,05	5,68	—	3,02	3,40
	VI	515,83	28,37	41,26	46,42																				
1 832,99	I,IV	215,75	11,86	17,26	19,41	I	215,75	8,38	12,19	13,71	2,25	7,38	8,30	—	3,07	3,45	—	—	—	—	—	—	—	—	—
	II	186,83	10,27	14,94	16,81	II	186,83	6,87	9,99	11,24	—	5,32	5,98	—	1,46	1,64	—	—	—	—	—	—	—	—	—
	III	16,50	—	1,32	1,48	III	16,50	—	—	—	—	—	—	—	—	—	—	—	—	—	—	—	—	—	—
	V	488,—	26,84	39,04	43,92	IV	215,75	10,10	14,69	16,52	8,38	12,19	13,71	6,70	9,75	10,97	2,25	7,38	8,30	—	5,10	5,74	—	3,07	3,45
	VI	517,—	28,43	41,36	46,53																				
1 835,99	I,IV	216,58	11,91	17,32	19,49	I	216,58	8,42	12,25	13,78	2,38	7,43	8,36	—	3,12	3,51	—	—	—	—	—	—	—	—	—
	II	187,58	10,31	15,—	16,88	II	187,58	6,91	10,05	11,30	—	5,38	6,05	—	1,50	1,68	—	—	—	—	—	—	—	—	—
	III	16,83	—	1,34	1,51	III	16,83	—	—	—	—	—	—	—	—	—	—	—	—	—	—	—	—	—	—
	V	489,16	26,90	39,13	44,02	IV	216,58	10,14	14,75	16,59	8,42	12,25	13,78	6,74	9,81	11,03	2,38	7,43	8,36	—	5,16	5,80	—	3,12	3,51
	VI	518,16	28,49	41,45	46,63																				
1 838,99	I,IV	217,33	11,95	17,38	19,55	I	217,33	8,46	12,31	13,85	2,53	7,49	8,42	—	3,17	3,56	—	—	—	—	—	—	—	—	—
	II	188,41	10,36	15,07	16,95	II	188,41	6,95	10,11	11,37	—	5,43	6,11	—	1,54	1,73	—	—	—	—	—	—	—	—	—
	III	17,16	—	1,37	1,54	III	17,16	—	—	—	—	—	—	—	—	—	—	—	—	—	—	—	—	—	—
	V	490,16	26,95	39,21	44,11	IV	217,33	10,18	14,82	16,67	8,46	12,31	13,85	6,78	9,87	11,10	2,53	7,49	8,42	—	5,21	5,86	—	3,17	3,56
	VI	519,33	28,56	41,54	46,73																				
1 841,99	I,IV	218,16	11,99	17,45	19,63	I	218,16	8,50	12,37	13,91	2,68	7,55	8,49	—	3,22	3,62	—	—	—	—	—	—	—	—	—
	II	189,16	10,40	15,13	17,02	II	189,16	6,99	10,17	11,44	—	5,48	6,17	—	1,58	1,78	—	—	—	—	—	—	—	—	—
	III	17,66	—	1,41	1,58	III	17,66	—	—	—	—	—	—	—	—	—	—	—	—	—	—	—	—	—	—
	V	491,33	27,02	39,30	44,21	IV	218,16	10,23	14,88	16,74	8,50	12,37	13,91	6,82	9,93	11,17	2,68	7,55	8,49	—	5,26	5,92	—	3,22	3,62
	VI	520,50	28,62	41,64	46,84																				
1 844,99	I,IV	219,—	12,04	17,52	19,71	I	219,—	8,54	12,43	13,98	2,83	7,61	8,56	—	3,26	3,67	—	—	—	—	—	—	—	—	—
	II	190,—	10,45	15,20	17,10	II	190,—	7,03	10,23	11,51	—	5,54	6,23	—	1,62	1,82	—	—	—	—	—	—	—	—	—
	III	18,—	—	1,44	1,62	III	18,—	—	—	—	—	—	—	—	—	—	—	—	—	—	—	—	—	—	—
	V	492,33	27,07	39,38	44,30	IV	219,—	10,27	14,94	16,81	8,54	12,43	13,98	6,87	9,99	11,24	2,83	7,61	8,56	—	5,32	5,98	—	3,26	3,67
	VI	521,66	28,69	41,73	46,94																				

* Die ausgewiesenen Tabellenwerte sind amtlich. Siehe Erläuterungen auf der Umschlaginnenseite (U2).
** Bei mehr als 3 Kinderfreibeträgen ist die „Ergänzungs-Tabelle 3,5 bis 6 Kinderfreibeträge" anzuwenden.

Lohn- und Gehaltskonto

Personaldaten

Quartal (Blatt): 4

· Personal-Stamm-Nr.	200	
· Nachname/Vorname	Weiß	Herbert
· Steuerklasse/Anzahl Kinder	4	1
· Konfession	RK	
· Krankenkasse	AOK	

· Lohn / Gehalt	
· VWL AG	
· VWL AN	
· VWL insgesamt	

Steuerpflichtig

		Übertrag aus Vorblatt	Oktober	November	Dezember
· Gehalt/Lohn		16.090,38	1.590,00		
· Überstundenzuschläge	+	225,25	132,50		
· Sonstige Zuschläge	+	0,00	0,00		
· Sonderzahlungen	+	0,00	0,00		
· VWL des Arbeitgebers	+	234,00	25,00		
· Sonstiges	+	0,00	0,00		
· Monatlicher Steuerfreibetrag	−	0,00	0,00		
Summe 1	=	16.549,63	1.747,50		

Steuerfrei

· Zulagen/Erstattungen		0,00	0,00		
· Sonstiges	+	0,00	0,00		
Summe 2	=	0,00	0,00		

Gesamtverdienst

· Summe 1 + Summe 2	16.549,63	1.747,50		

Abzüge

· Lohnsteuer		2.898,08	193,41		
· Solidaritätszuschlag	+	203,08	7,21		
· Kirchensteuer ev.	+	0,00	0,00		
· Kirchensteuer rk.	+	214,65	11,80		
· Kammerbeitrag	+	0,00	0,00		
· Krankenversicherung 50 %	+	1.117,11	118,83		
· Zusatzversicherung Zahnersatz 100 %	+	66,20	6,99		
· Zusatzversicherung Krankengeld 100 %	+	82,74	8,74		
· Pflegeversicherung	+	140,67	14,85		
· Beitragszuschlag für Kinderlose 100 %	+	0,00	0,00		
· Rentenversicherung 50 %	+	1.613,59	170,38		
· Arbeitslosenversicherung 50 %	+	537,87	56,79		
· VWL	+	351,00	40,00		
· Verrechnung Vorschuss	+	0,00	0,00		
· Sonstige Abzüge	+	0,00	0,00		
Summe 3	=	7.224,99	629,00		

Auszahlungsbetrag

Gesamtverdienst - Abzüge	9.324,64	1.118,50		

Sozialversicherung

Arbeitnehmeranteil	3.558,18	376,58		
Arbeitgeberanteil	3.409,24	360,85		

3223 Abraham/Nemeth/Schalk, Interrad GmbH – Lernfeld Personalwirtschaft

Überweisung
002907863

Die Sparkasse **Bremen**

290 501 **01**

€

Begünstigter: Name, Vorname/Firma (max. 27 Stellen)

Konto-Nr. des Begünstigten

Bankleitzahl

Bitte kräftig durchschreiben!

Kreditinstitut des Begünstigten

EUR

Betrag: Euro, Cent

Kunden-Referenznummer - Verwendungszweck, ggf. Name und Anschrift des Überweisenden - (nur für Begünstigten)

noch Verwendungszweck (insgesamt max. 2 Zeilen à 27 Stellen)

Kontoinhaber: Name, Vorname/Firma, Ort (max. 27 Stellen, keine Straßen- oder Postfachangaben)

Konto-Nr. des Kontoinhabers

20

1

Wegen maschineller Lesung Namenszug NICHT über Balken hinausziehen !

Bitte NICHT VERGESSEN:
Datum/Unterschrift

Datum, Unterschrift

111 309 12.01 02010

Schreibmaschine: normale Schreibweise!
Handschrift: Blockschrift in GROSSBUCHSTABEN,
bitte je Zeichen ein Kästchen verwenden!

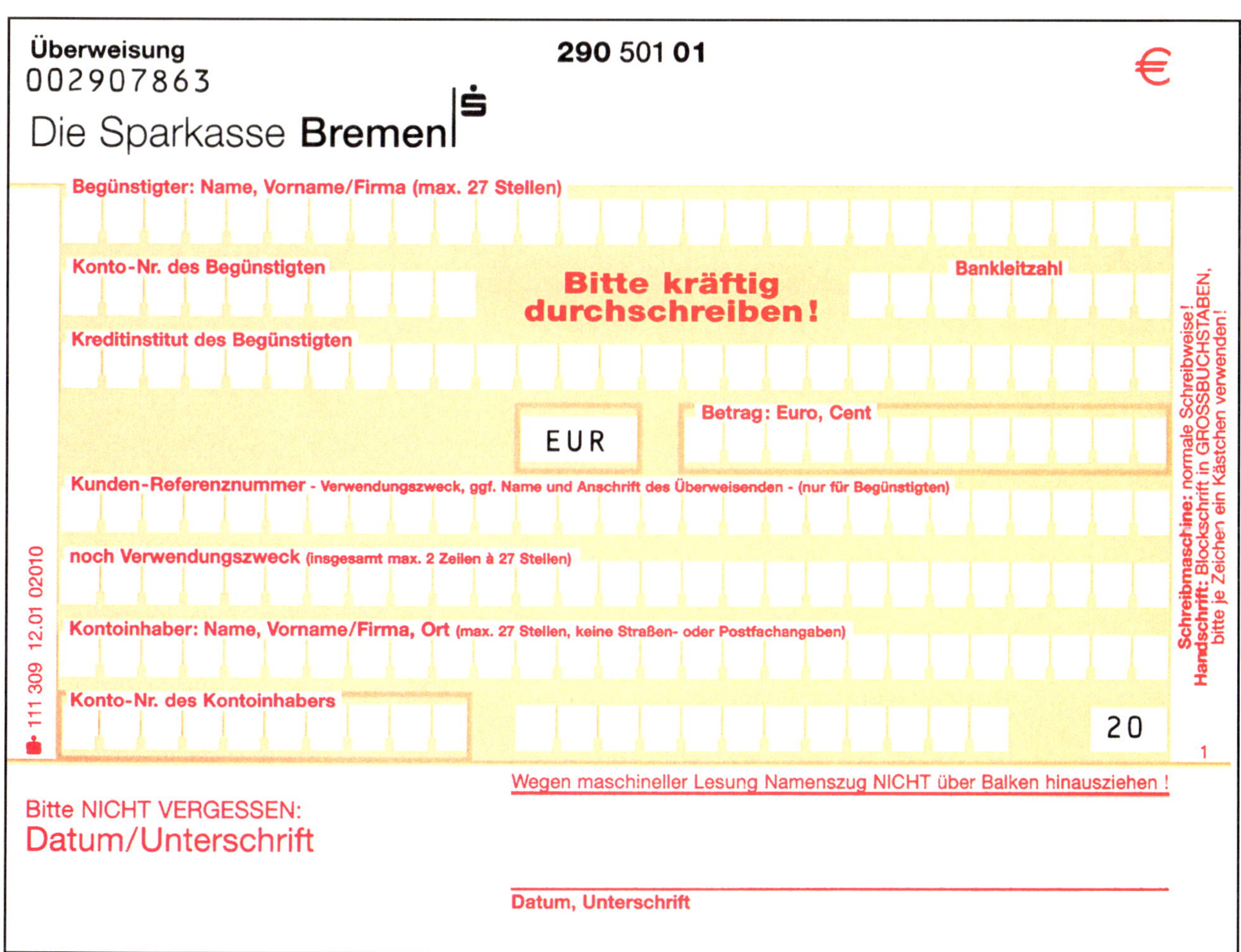

Überweisung
002907863

Die Sparkasse **Bremen**

290 501 **01**

€

Begünstigter: Name, Vorname/Firma (max. 27 Stellen)

Konto-Nr. des Begünstigten

Bankleitzahl

Bitte kräftig durchschreiben!

Kreditinstitut des Begünstigten

EUR

Betrag: Euro, Cent

Kunden-Referenznummer - Verwendungszweck, ggf. Name und Anschrift des Überweisenden - (nur für Begünstigten)

noch Verwendungszweck (insgesamt max. 2 Zeilen à 27 Stellen)

Kontoinhaber: Name, Vorname/Firma, Ort (max. 27 Stellen, keine Straßen- oder Postfachangaben)

Konto-Nr. des Kontoinhabers

20

1

Wegen maschineller Lesung Namenszug NICHT über Balken hinausziehen !

Bitte NICHT VERGESSEN:
Datum/Unterschrift

Datum, Unterschrift

111 309 12.01 02010

Schreibmaschine: normale Schreibweise!
Handschrift: Blockschrift in GROSSBUCHSTABEN,
bitte je Zeichen ein Kästchen verwenden!

Situation

Die Steuern der Arbeitnehmer/-innen müssen bis zum 10. des nächsten Monats an das Finanzamt und die Sozialversicherungsbeiträge unverzüglich nach der Abrechnung an die Krankenkassen abgeführt werden. Unter dem Datum vom 20..-12-08 sind auf Basis der Lohn- und Gehaltsliste die entsprechenden Arbeitsschritte auszuführen. Lediglich die Beiträge zur AOK fehlen noch. Alle Arbeiter der Interrad GmbH sind bei der AOK versichert.

Arbeitsauftrag

1. Vervollständigen Sie die Eintragungen in der Lohn- und Gehaltsliste für den Monat November. Addieren Sie die Beträge der einzelnen Positionen und füllen Sie die Spalte „Summe/Übertrag" aus.

2. Übertragen Sie die Werte aus der Spalte „Summe/Übertrag" in der Lohn- und Gehaltsliste in die Schlüsselliste für Steuern und Sozialversicherungsbeiträge. Führen Sie anschließend die folgenden Arbeitsschritte aus.

   a) Tragen Sie die an das Finanzamt abzuführenden Steuerbeträge ein.

   b) Ermitteln Sie die an die AOK abzuführenden Beiträge der Arbeitnehmer.

   c) Bilden Sie die fehlenden Kontrollsummen und ermitteln Sie für alle Krankenkassen die Gesamtbeiträge zur Sozialversicherung.

3. Schlüsseln Sie die Sozialversicherungsbeträge der AOK nach Beitragsgruppen und Arbeitgeber- und Arbeitnehmeranteilen weiter auf. Verwenden Sie dazu das Interrad-Formular „ Schlüsselliste für den Beitragsnachweis".

4. Füllen Sie die Lohnsteueranmeldung an das Finanzamt aus. Die Steuernummer der Interrad GmbH lautet 12 804 41800.
   Wenn Sie über einen Internetanschluss verfügen, kann das Formular auch bei der Finanzverwaltung heruntergeladen und online ausgefüllt werden.
   Die Internetadresse lautet: www.finanzamt.de/service/vordrucke.html

5. Füllen Sie den Beitragsnachweis an die AOK aus. Melden Sie den Gesamtbeitrag an, d. h. Arbeitgeber- und Arbeitnehmeranteil der Beitragsgruppen 1000, 0100, 0010 und 0001. Die Betriebsnummer der Interrad GmbH bei der AOK lautet 20 12 34 56.
   Wenn Sie über einen Internetanschluss verfügen, kann das Formular auch bei der AOK heruntergeladen und online ausgefüllt werden.
   Die Internetadresse lautet: www.aok.business.de/

---

6. Schreiben Sie die Überweisungsaufträge an das Finanzamt und die AOK.

7. Füllen Sie den Buchungsbeleg „Meldung an die Finanzbuchhaltung" aus.

Anlagen/Arbeitsunterlagen
Aktuelle Übersicht Steuer und Sozialversicherungsstammdaten – Seite 107
Lohn- und Gehaltsliste für November 20.. – Seite 112
Schlüsselliste für Steuern und Sozialversicherungsbeiträge der Interrad GmbH
Schlüsselliste für den Beitragsnachweis der Interrad GmbH
Lohnsteuer-Anmeldung
Beitragsnachweis der AOK
Überweisungsformulare der Sparkasse Bremen
Buchungsbeleg „Meldung an die Finanzbuchhaltung" der Interrad GmbH

Schlüsselliste für Steuern und Sozialversicherungsbeiträge

Monat/Jahr

Anzahl Arbeitnehmer: 117

Steuern

Verbindlichkeiten gegenüber dem Finanzamt

	Übertrag aus L/G-Liste	Lohnsteuer	Erstattungen	Verbleiben
· Lohnsteuer			0,00	
· Solidaritätszuschlag	+			
· Kirchensteuer ev.	+			
· Kirchensteuer rk.	+			
· Kammerbeiträge	+			
An das Finanzamt abzuführen	=			

Sozialversicherung

Verbindlichkeiten gegenüber den Krankenkassen

	Übertrag aus L/G-Liste	AOK	DAK	BEK	HKK	Kontrollsummen
· Krankenversicherung 50 %	+		4.202,45	1.050,61	3.151,84	
· Zusatzversicherung Zahnersatz 100 %	+		240,50	60,12	180,38	
· Zusatzversicherung Krankengeld 100 %	+		300,63	75,16	225,46	
· Pflegeversicherung 50 %	+		511,06	127,76	383,30	
· Beitragszuschlag für Kinderlose 100 %	+		59,15	14,79	44,37	
· Rentenversicherung 50 %	+		5.862,18	1.465,54	4.396,63	
· Arbeitslosenversicherung 50 %	+		1.954,06	488,52	1.465,54	
Arbeitnehmeranteil zur Sozialversicherung	=		13.130,03	3.282,50	9.847,52	
Arbeitgeberanteil zur Sozialversicherung	+	37.589,25	12.529,75	3.132,43	9.397,31	
Gesamtbeiträge zur Sozialversicherung	=					

3223 Abraham/Nemeth/Schalk, Interrad GmbH – Lernfeld Personalwirtschaft

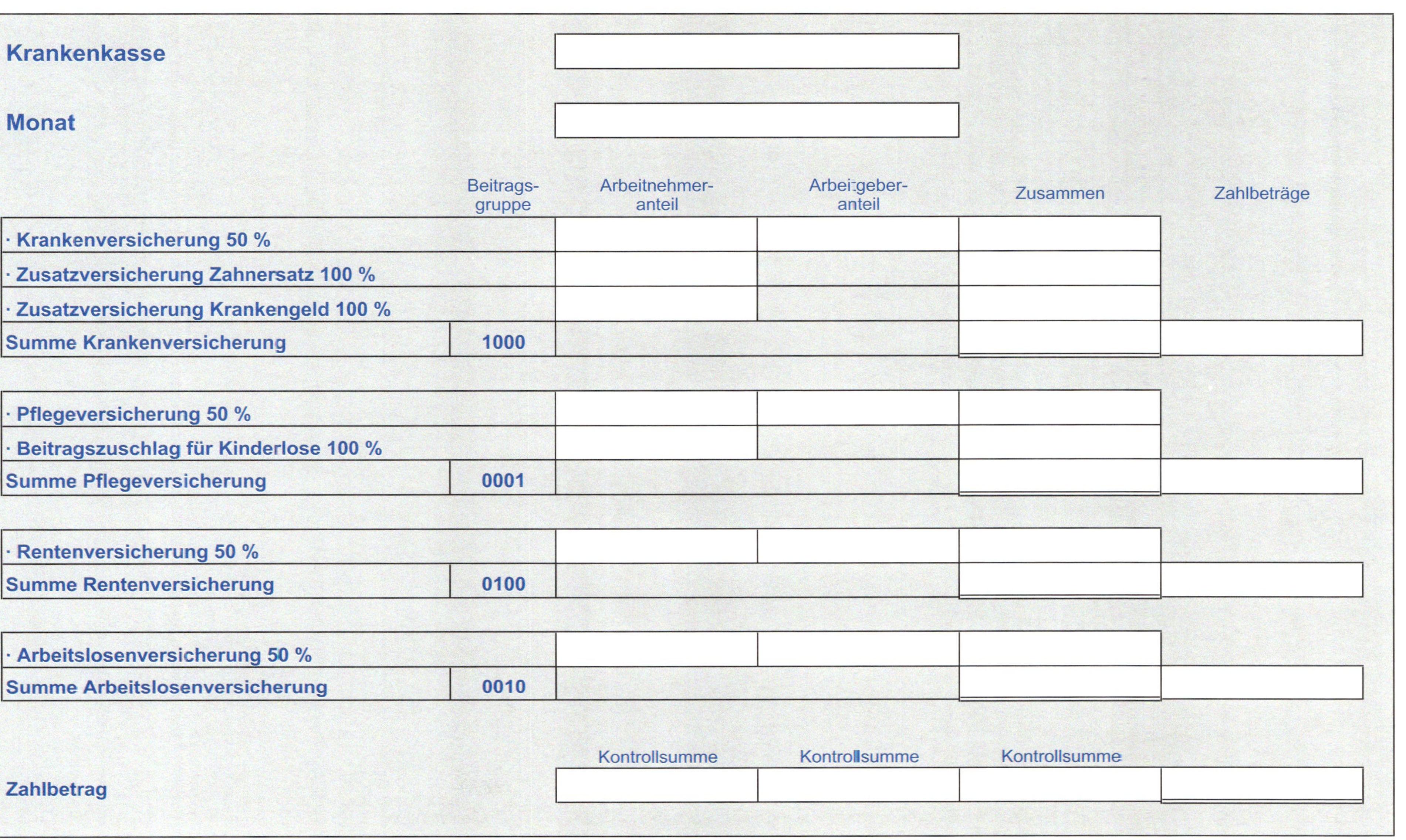

Krankenkasse

Monat

	Beitrags-gruppe	Arbeitnehmer-anteil	Arbeitgeber-anteil	Zusammen	Zahlbeträge
· Krankenversicherung 50 %					
· Zusatzversicherung Zahnersatz 100 %					
· Zusatzversicherung Krankengeld 100 %					
Summe Krankenversicherung	1000				
· Pflegeversicherung 50 %					
· Beitragszuschlag für Kinderlose 100 %					
Summe Pflegeversicherung	0001				
· Rentenversicherung 50 %					
Summe Rentenversicherung	0100				
· Arbeitslosenversicherung 50 %					
Summe Arbeitslosenversicherung	0010				
		Kontrollsumme	Kontrollsumme	Kontrollsumme	
Zahlbetrag					

3223 Abraham/Nemeth/Schalk, Interrad GmbH – Lernfeld Personalwirtschaft

20..

Zeile		
1	Fallart / Steuernummer / Unter-fallart	
2-3	**11** ... **62**	

30 Eingangsstempel oder -datum

Lohnsteuer-Anmeldung 20 ..

Anmeldungszeitraum

Finanzamt

bei monatlicher Abgabe bitte ankreuzen

..01	Jan.	..07	Juli
..02	Feb.	..08	Aug.
..03	März	..09	Sept.
..04	April	..10	Okt.
..05	Mai	..11	Nov.
..06	Juni	..12	Dez.

bei vierteljährlicher Abgabe bitte ankreuzen

..41	I. Kalender-vierteljahr
..42	II. Kalender-vierteljahr
..43	III. Kalender-vierteljahr
..44	IV. Kalender-vierteljahr

bei jährlicher Abgabe bitte ankreuzen

| ..19 | Kalender-jahr |

Arbeitgeber – Anschrift der Betriebsstätte – Telefon

Berichtigte Anmeldung
(falls ja, bitte eine „1" eintragen) . . . **10**

Zahl der Arbeitnehmer (einschl. Aushilfs- und Teilzeitkräfte) **86**

¹) Negativen Beträgen ist ein **Minuszeichen** voranzustellen.
²) Nach Abzug der im Lohnsteuer-Jahresausgleich erstatteten Beträge.

		EUR	Ct
Lohnsteuer ¹) ²)	**42**		
abzüglich an Arbeitnehmer ausgezahltes Kindergeld	**43**		
abzüglich Kürzungsbetrag für Besatzungsmitglieder von Handelsschiffen	**33**		
Verbleiben ¹)	**48**		
Solidaritätszuschlag ¹) ²)	**49**		
Evangelische Kirchensteuer- ev. ¹) ²)	**61**		
Römisch-katholische Kirchensteuer - rk. ¹) ²)	**62**		
Beiträ ge zur Arbeitnehmerkammer	**68**		
Gesamtbetrag ¹)	**83**		

Ein Erstattungsbetrag wird auf das dem Finanzamt benannte Konto überwiesen, soweit nicht eine Verrechnung mit Steuerschulden vorzunehmen ist.
Verrechnung des Erstattungsbetrags erwünscht/Erstattungsbetrag ist abgetreten.
(falls ja, bitte „1" eintragen) **29**

Geben Sie bitte die Verrechnungswünsche auf einem besonderen Blatt oder auf dem beim Finanzamt erhältlichen Vordruck „Verrechnungsantrag" an.
Die **Einzugsermächtigung** wird ausnahmsweise (z. B. wegen Verrechnungswünschen) für diesen Anmeldungszeitraum **widerrufen** (falls ja, bitte eine „1" eintragen) **26**
Ein ggf. verbleibender Restbetrag ist gesondert zu entrichten.

Ich versichere, die Angaben in dieser Steueranmeldung wahrheitsgemäß nach bestem Wissen und Gewissen gemacht zu haben.

Hinweis nach den Vorschriften der Datenschutzgesetze:
Die mit der Steueranmeldung angeforderten Daten werden auf Grund der §§ 149 ff. der Abgabenordnung und des § 41a des Einkommensteuergesetzes erhoben.
Die Angabe der Telefonnummer ist freiwillig.

Datum, Unterschrift

Vom Finanzamt auszufüllen

Bearbeitungshinweis
1. Die aufgeführten Daten sind mit Hilfe des geprüften und genehmigten Programms sowie ggf. unter Berücksichtigung der gespeicherten Daten maschinell zu verarbeiten.
2. Die weitere Bearbeitung richtet sich nach den Ergebnissen der maschinellen Verarbeitung.

11   **19**

   12

Kontrollzahl und/oder Datenerfassungsvermerk

Datum, Namenszeichen/Unterschrift

Ab Januar 2006 erfolgt die Meldung maschinell. Folgende Punkte sind auszufüllen:

<table>
<tr><td>Arbeitgeber</td><td>Betriebs-/Beitragskonto-Nr. des Arbeitgebers</td></tr>
</table>

Zeitraum: **von** | Tag | Monat | Jahr |

Zeitraum: **bis** | Tag | Monat | Jahr |

Rechtskreis[1]   Ost: ☐   West: ☐

Fälligkeit am 25. des lfd. Monats[1]   ☐

Dauer-Beitragsnachweis[1]   ☐

Bisheriger Dauer-Beitragsnachweis
gilt erneut ab nächstem Monat[1]   ☐

Beitragsnachweis enthält Beiträge   ☐
aus Wertguthaben, das abgelaufenen
Kalenderjahren zuzuordnen ist[1]

Korrektur-Beitragsnachweis   ☐
für abgelaufene Kalenderjahre[1]

AOK Bremen/Bremerhaven
Hauptgeschäftsstelle Bremen
Postfach 10 78 63
28079 Bremen

Beitragsnachweis

Beitragsnachweis	Beitrags-gruppe	Euro	Cent
Beiträge zur Krankenversicherung – allgemeiner Beitrag –	1000		
Beiträge zur Krankenversicherung – erhöhter Beitrag –	2000		
Beiträge zur Krankenversicherung – ermäßigter Beitrag –	3000		
Beiträge zur Krankenversicherung für geringfügig Beschäftigte	6000		
Beiträge zur Rentenversicherung – voller Beitrag –	0100		
Beiträge zur Rentenversicherung – halber Beitrag –	0300		
Beiträge zur Rentenversicherung für geringfügig Beschäftigte	0500		
Beiträge zur Arbeitsförderung – voller Beitrag –	0010		
Beiträge zur Arbeitsförderung – halber Beitrag –	0020		
Beiträge zur sozialen Pflegeversicherung	0001		
Umlage nach dem Lohnfortzahlungsgesetz (LFZG) für Krankheitsaufwendungen	U1		
Umlage nach dem Lohnfortzahlungsgesetz (LFZG) für Mutterschaftsaufwendungen	U2		
Gesamtsumme			
Beiträge zur Krankenversicherung für freiwillig Krankenversicherte[2]			
Beiträge zur Pflegeversicherung für freiwillig Krankenversicherte[2]			
abzüglich Erstattung gemäß § 10 LFZG			
zu zahlender Betrag/Guthaben			

Es wird bestätigt, dass die Angaben mit denen der
Lohn- und Gehaltsunterlagen übereinstimmen und
in diesen sämtliche Entgelte enthalten sind.

____

Datum, Unterschrift

[1] Zutreffendes bitte ankreuzen
[2] freiwillige Angabe des Arbeitgebers

Überweisung
002907863
290 501 01
€
Die Sparkasse Bremen
Begünstigter: Name, Vorname/Firma (max. 27 Stellen)
Konto-Nr. des Begünstigten
Bankleitzahl
Bitte kräftig durchschreiben!
Kreditinstitut des Begünstigten
EUR
Betrag: Euro, Cent
Kunden-Referenznummer - Verwendungszweck, ggf. Name und Anschrift des Überweisenden - (nur für Begünstigten)
noch Verwendungszweck (insgesamt max. 2 Zeilen à 27 Stellen)
Kontoinhaber: Name, Vorname/Firma, Ort (max. 27 Stellen, keine Straßen- oder Postfachangaben)
Konto-Nr. des Kontoinhabers
20
111 309   12.01 02010
1
Schreibmaschine: normale Schreibweise!
Handschrift: Blockschrift in GROSSBUCHSTABEN, bitte je Zeichen ein Kästchen verwenden!
Wegen maschineller Lesung Namenszug NICHT über Balken hinausziehen !
Bitte NICHT VERGESSEN:
Datum/Unterschrift
Datum, Unterschrift

Überweisung
002907863
290 501 01
€
Die Sparkasse Bremen
Begünstigter: Name, Vorname/Firma (max. 27 Stellen)
Konto-Nr. des Begünstigten
Bankleitzahl
Bitte kräftig durchschreiben!
Kreditinstitut des Begünstigten
EUR
Betrag: Euro, Cent
Kunden-Referenznummer - Verwendungszweck, ggf. Name und Anschrift des Überweisenden - (nur für Begünstigten)
noch Verwendungszweck (insgesamt max. 2 Zeilen à 27 Stellen)
Kontoinhaber: Name, Vorname/Firma, Ort (max. 27 Stellen, keine Straßen- oder Postfachangaben)
Konto-Nr. des Kontoinhabers
20
111 309   12.01 02010
1
Schreibmaschine: normale Schreibweise!
Handschrift: Blockschrift in GROSSBUCHSTABEN, bitte je Zeichen ein Kästchen verwenden!
Wegen maschineller Lesung Namenszug NICHT über Balken hinausziehen !
Bitte NICHT VERGESSEN:
Datum/Unterschrift
Datum, Unterschrift

Meldung an die Finanzbuchhaltung

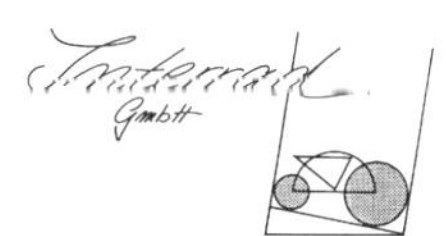

Buchungsbeleg für den Monat: ______________________

Lohn- und Gehaltsbuchung

	SOLL	HABEN
Bruttolöhne- und Gehälter (steuerpflichtige Entgelte)		
Arbeitgeberzuschuss vermögenswirksame Leistungen		
Verbindlichkeiten Steuern		
Verbindlichkeiten Krankenkassen		
Auszahlung Vermögensbildung		
Auszahlungsbetrag		
Kontrollsumme		

Arbeitgeberanteil zu Sozialversicherung

	SOLL	HABEN
Arbeitgeberanteil zur Sozialversicherung		
Verbindlichkeiten Krankenkassen		
Kontrollsumme		

Zahlung der Steuern und Beiträge

	SOLL	HABEN
Verbindlichkeiten Steuern		
Verbindlichkeiten Krankenkassen		
Überweisungsbetrag Finanzamt		
Überweisungsbetrag Krankenkassen		
Kontrollsumme		

____
Datum

____
Unterschrift

3223 Abraham/Nemeth/Schalk, Interrad GmbH – Lernfeld Personalwirtschaft

Situation

Frau Meyer ist bei der Interrad GmbH im Rechnungswesen als Finanzbuchhalterin beschäftigt. Sie beabsichtigt eine neue Stelle in Zwickau ab 1. Dezember anzutreten. Ihre Kündigung liegt bereits vor. In der Personalabteilung sind für die Auflösung des Arbeits-verhältnisses die erforderlichen Arbeitspapiere zu erstellen.

Arbeitsauftrag

1. Prüfen Sie zunächst, ob Frau Meyer fristgerecht gekündigt hat. Frau Meyer ist nach ihrer Ausbildung als Industriekauffrau seit neun Jahren bei der Interrad GmbH beschäftigt.

2. Schließen Sie das Lohn-/Gehaltskonto für Frau Meyer ab und füllen Sie die Lohnsteuer-bescheinigung auf der Lohnsteuerkarte aus.

   a) Bilden Sie auf dem Lohn-/Gehaltskonto die Gesamtbeträge aus Übertrag und Oktober-Gehalt sowie dem noch auszuzahlenden November-Gehalt.

   b) Tragen Sie auf der Lohnsteuerkarte die entsprechenden Daten bzw. Beträge in den folgenden Feldern ein:
      1. Dauer des Dienstverhältnisses
      3. Bruttoarbeitslohn einschließlich Sachbezüge
      4. Einbehaltene Lohnsteuer
      5. Einbehaltener Solidaritätszuschlag
      6. Einbehaltene Kirchensteuer
      24. Arbeitgeberanteil am Gesamtsozialversicherungsbeitrag
      25. Ausgezahltes Kindergeld

3. Die Arbeitsbescheinigung für die Bundesagentur für Arbeit wurde bereits ausgefüllt. Außerdem sind die Eintragungen auf der Lohnsteuerkarte erfolgt. Bereiten Sie mit Datum vom 20..-11-28 die weiteren Arbeitspapiere vor.

   a) Tragen Sie zunächst in die Personalstammdatei das Austrittsdatum sowie den Kündigungsgrund unter Bemerkungen ein.

   b) Füllen Sie das Formular „Personelle Beschäftigungs-Veränderungsanzeige" im Feld „I und III" aus.

   c) Ergänzen Sie das Urlaubsblatt und füllen Sie die Urlaubsbescheinigung aus.

          3223 Abraham/Nemeth/Schalk, Interrad GmbH – Lernfeld Personalwirtschaft

3. d) Melden Sie Frau Meyer mit dem „Ersatz-Versicherungsnachweis" bei der zuständigen Krankenkasse ab. Frau Meyer ist bei der Barmer Ersatzkasse (BEK) versichert. Berücksichtigen Sie für die Eintragungen die folgenden Daten:

Personalnummer:	071
Versicherungsnummer:	73171281M509
Staatsangehörigkeit:	000 (für deutsch)
Angaben zur Tätigkeit:	772 (Finanzbuchhalterin) / 42 (Angestellte mit Berufsausbildung)
Betriebsnummer:	20123456 (für die Interrad GmbH)

e) Füllen Sie das Formular „Ausgleichsquittung" aus.

f) Begründen Sie, warum Frau Meyer die Ausgleichsquittung unterschreiben muss.

4. Frau Meyer wünscht ein qualifiziertes Zeugnis. Schreiben Sie mithilfe des Leitfadens „Arbeitszeugnisse ausstellen und beurteilen" ein entsprechendes Zeugnis. Berücksichtigen Sie dabei die Angaben auf der Personalstammkarte und die Beurteilung der Abteilungsleitung Rechnungswesen sowie die folgenden weiteren Angaben:

- Ausbildung als Industriekauffrau bei der Interrad GmbH
- Beschäftigung zunächst in der Personalabteilung
- Fortbildung zur Bilanzbuchhalterin nach Feierabend und an Wochenenden
- Seit drei Jahren im Rechnungswesen als Finanzbuchhalterin eingesetzt
- Erfasst hier die Kontokorrentvorgänge, verwaltet die Stammdaten der Debitoren und Kreditoren, bucht die Zahlungsein- und -ausgänge
- Frau Meyer war maßgeblich am Aufbau des Mahnwesens beteiligt

Anlagen/Arbeitsunterlagen

Kündigungsschreiben von Frau Meyer
Auszug Kündigungsfristengesetz – siehe Anhang
Lohn-Gehaltskonto
Lohnsteuerkarte
Personalstammdatei
Formular „Personelle Beschäftigungs-Veränderungsanzeige"
Urlaubsblatt
Urlaubsbescheinigung
Meldung zur Sozialversicherung
Hinweise zur Meldung – Seite 83
Ausgleichsquittung

Veronika Meyer   Bremen, 20..-10-26
Donaustraße 12
28199 Bremen

Interrad GmbH
Walliser Straße 125
28325 Bremen

Kündigung

Sehr geehrte Damen und Herren,

ich kündige mein Arbeitsverhältnis zum 20..-11-30.

Zum 1. Dezember 20.. werde ich eine Stelle in der Hauptbuchhaltung bei den Sachsenring Werken in Zwickau antreten.

Bitte stellen Sie mir ein qualifiziertes Zeugnis aus, in dem auch Leistung und Führung beurteilt werden.

Mit freundlichen Grüßen

Veronika Meyer

Veronika Meyer

Lohn- und Gehaltskonto

Personaldaten

Quartal (Blatt): 4

· Personal-Stamm-Nr.	071	
· Nachname/Vorname	Meyer	Veronika
· Steuerklasse/Anzahl Kinder	1	0
· Konfession	evangelisch	
· Krankenkasse	BEK	

· Lohn / Gehalt	1.949,00
· VWL AG	25,00
· VWL AN	15,00
· VWL insgesamt	40,00

Steuerpflichtig

		Übertrag	Oktober	November	Dezember	Gesamtbetrag
· Gehalt/Lohn		17.541,00	1.949,00	1.949,00		
· Überstundenzuschläge	+	0,00	0,00	0,00		
· Sonstige Zuschläge	+	0,00	0,00	0,00		
· Sonderzahlungen	+	0,00	0,00	1.949,00		
· VWL des Arbeitgebers	+	225,00	25,00	25,00		
· Sonstiges	+	0,00	0,00	0,00		
· Monatlicher Steuerfreibetrag	−	0,00	0,00	0,00		
Summe 1	=	17.766,00	1.974,00	3.923,00		

Steuerfrei

		Übertrag	Oktober	November	Dezember	Gesamtbetrag
· Zulagen/Erstattungen		0,00	0,00	0,00		
· Sonstiges	+	0,00	0,00	0,00		
Summe 2	=	0,00	0,00	0,00		

Gesamtverdienst

	Übertrag	Oktober	November	Dezember	Gesamtbetrag
· Summe 1 + Summe 2	17.766,00	1.974,00	3.923,00		

Abzüge

		Übertrag	Oktober	November	Dezember	Gesamtbetrag
· Lohnsteuer		2.295,00	255,00	883,91		
· Solidaritätszuschlag	+	126,18	14,02	48,61		
· Kirchensteuer ev.	+	206,55	22,95	79,55		
· Kirchensteuer rk.	+	0,00	0,00	0,00		
· Kammerbeitrag	+	0,00	0,00	0,00		
· Krankenversicherung 50 %	+	1.225,89	136,21	270,69		
· Zusatzversicherung Zahnersatz 100 %	+	71,10	7,90	15,69		
· Zusatzversicherung Krankengeld 100 %	+	88,83	9,87	19,62		
· Pflegeversicherung	+	151,02	16,78	33,35		
· Beitragszuschlag für Kinderlose 100 %	+	44,46	4,94	9,81		
· Rentenversicherung 50 %	+	1.732,23	192,47	382,49		
· Arbeitslosenversicherung 50 %	+	577,44	64,16	127,50		
· VWL	+	360,00	40,00	40,00		
· Verrechnung Vorschuss	+	0,00	0,00	0,00		
· Sonstige Abzüge	+	0,00	0,00	0,00		
Summe 3	=	6.878,70	764,30	1.911,22		

Auszahlungsbetrag

	Übertrag	Oktober	November	Dezember	Gesamtbetrag
Gesamtverdienst - Abzüge	10.887,30	1.209,70	2.011,78		

Sozialversicherung

	Übertrag	Oktober	November	Dezember	Gesamtbetrag
Arbeitnehmeranteil	3.890,97	432,33	859,15		
Arbeitgeberanteil	3.686,58	409,62	814,03		

Alle Eintragungen in der Lohnsteuerkarte genau prüfen!
Lesen Sie die Informationsschrift "Lohnsteuer 20.."

Ordnungsmerkmale des Arbeitgebers

Lohnsteuerkarte 20..

Gemeinde		64436722
Stadtgemeinde Bremen	04 012 00	424-02

Finanzamt und Nr.	Geburtsdatum
28195 Bremen-West Nr. 2683	17.12.1981

I. Allgemeine Besteuerungsmerkmale

Steuer-klasse	Kinder unter 18 Jahren: Zahl der Kinderfreibeträge
eins	-- --

Veronika Meyer
Donaustraße 12
28199 Bremen

Kirchensteuerabzug

ev

(Datum)

20. Sept. 20..

(Gemeindebehörde)

Freie Hansestadt Bremen
Stadtamt Bremen

II. Änderungen der Eintragungen im Abschnitt!

Steuerklasse	Zahl der Kinder-freibeträge	Kirchensteuerabzug	Diese Eintragung gilt, wenn sie nicht widerrufen wird:	Datum, Stempel und Unterschrift der Behörde
			vom 20.. an bis zum 20..-12-31	i. A.
			vom 20.. an bis zum 20..-12-31	i. A.

III. Für die Berechnung der Lohnsteuer sind vom Arbeitslohn als steuerfrei abzuziehen:

Jahresbetrag Euro	monatlich Euro	wöchentlich Euro	täglich Euro	Diese Eintragung gilt, wenn sie nicht widerrufen wird:	Datum, Stempel und Unterschrift der Behörde
				vom 20.. an	
in Buch-staben	-tausend		Zehner und Einer wie oben -hundert	bis zum 20..-12-31	i. A.
				20.. an	
in Buch-staben	-tausend		Zehner und Einer wie oben -hundert	bis zum 20..-12-31	i. A.

IV. Für die Berechnung der Lohnsteuer sind vom Arbeitslohn als steuerfrei hinzurechnen:

Jahresbetrag Euro	monatlich Euro	wöchentlich Euro	täglich Euro	Diese Eintragung gilt, wenn sie nicht widerrufen wird:	Datum, Stempel und Unterschrift der Behörde
				20.. an	
in Buch-staben	-tausend		Zehner und Einer wie oben -hundert	bis zum 20..-12-31	i. A.

IV. Lohnsteuerbescheinigung für das Kalenderjahr 20.. und besondere Angaben

	vom – bis		vom – bis		vom – bis	
1. Dauer des Dienstverhältnisses						
2. Zeiträume ohne Anspruch auf Arbeitslohn	Anzahl "U"		Anzahl "U"		Anzahl "U"	
	Euro	Ct	Euro	Ct	Euro	Ct
3. Bruttoarbeitslohn einschließl. Sachbezüge ohne 9. bis 10.						
4. Einbehaltene Lohnsteuer von 3.						
5. Einbehaltener Solidaritätszuschlag von 3.						
6. Einbehaltene Kirchensteuer des Arbeitnehmers von 3.						
7. Einbehaltene Kirchensteuer des Ehegatten von 3. (nur bei konfessionsverschiedener Ehe)						
8. In 3. enthaltene steuerbegünstigte Versorgungsbezüge						
9. Steuerbegünstigte Versorgungsbezüge für mehrere Kalenderjahre						
10. Ermäßigt besteuerter Arbeitslohn für mehrere Kalenderjahre (ohne 9.) und ermäßigt besteuerte Entschädigungen						
11. Einbehaltene Lohnsteuer von 9. bis 10.						
12. Einbehaltener Solidaritätszuschlag von 9. Und 10.						
13. Einbehaltene Kirchensteuer des Arbeitnehmers von 9. bis 10.						
14. Einbehaltene Kirchensteuer des Ehegatten von 9. bis 10. (nur bei konfessionsverschiedener Ehe)						
15. Kurzarbeitergeld, Winterausfallgeld, Zuschuss zum Mutterschaftsgeld, Verdienstausfallentschädigung (Infektionsschutzgesetz), Aufstockungsbetrag und Altersteilzeitzuschlag						
16. Steuerfreier Arbeitslohn — Doppelbesteuerungsabkommen / Auslandstätigkeitserlass						
17. Steuerfreie Arbeitgeberleistungen für Fahrten zwischen Wohnung und Arbeitsstätte						
18. Pauschalbesteuerte Arbeitgeberleistungen für Fahrten zwischen Wohnung und Arbeitsstätte						
19. Steuerfreie Beiträge des Arbeitgebers an eine Pensionskasse oder einen Pensionsfonds						
20. Steuerpflichtige Entschädigungen und Arbeitslohn für mehrere Kalenderjahre, die nicht ermäßigt besteuert wurden – in 3. enthalten						
21. Steuerfreie Verpflegungszuschüsse bei Auswärtstätigkeit						
22. Steuerfreie Arbeitgeberleistungen bei doppelter Haushaltsführung						
23. Steuerfreie Arbeitgeberzuschüsse zur freiwilligen Krankenversicherung und zur Pflegeversicherung	–		–		–	
24. Arbeitgeberanteil am Gesamtsozialversicherungsbeitrag						
25. Ausgezahltes Kindergeld						

Um Rückfragen zu vermeiden, wird die Ausfüllung empfohlen

Anschrift des Arbeitgebers
(lohnsteuerliche Betriebsstätte)

Firmenstempel, Unterschrift;

Finanzamt, an das der Arbeitgeber
die Lohnsteuer abgeführt hat
(Name und dessen vierstellige Nr.)

Dateneingabe Personalstammdatei (Personalstammkarte)

Personenstammdaten

Personalstammnummer	Nachname	Vorname
071	Meyer	Veronika
Straße	**Postleitzahl**	**Wohnort**
Donaustraße12	28199	Bremen
Vorwahl/Rufnummer	**Geburtsdatum**	**Geburtsort**
0421 503833	1981-12-17	Zeven
Staatsangehörigkeit	**Religionszugehörigkeit**	**Familienstand**
deutsch	evangelisch	ledig
Anzahl der Kinder (Kindergeld)	**St.-Klasse/Anz. Kinderfreibeträge**	**Sonstige Freibeträge**
null	I	0,00 €
Bankverbindung	**Bankleitzahl (BLZ)**	**Kontonummer**
Postbank Hamburg	200 100 20	653342-202
Krankenkasse	**Sozialversicherungsnummer**	**Anmeldedatum**
BEK	73171281M509	1994-08-01
(Vermögenswirksame Leistung)	**BLZ VWL**	**Konto-Nr. VWL**
Sparkasse Bremen	290 501 01	2128 7522
Vertragsnummer	**Zuschuss AG**	**Sparsumme monatlich**
226804 228 / LBS Bremen	25,00 €	40,00 €

Betriebsdaten

Personalstammnummer	Nachname	Vorname
071	Meyer	Veronika
Abteilung	**Stelle**	**Tätigkeit**
Rechnungswesen	Finanzbuchhaltung	Kontokorrentbuchhalterin
Status	**Datum Eintritt**	**Datum Austritt**
Angestellte	1998-08-01	
Gehaltsgruppe	**Lohngruppe**	**Erläuterungen**
V		
Gehalt	**Stundenlohn**	**Akkordlohn**
1.949,00 €		
Urlaub	**Freistellungen/Sonderurlaub**	**Begründung**
30 Arbeitstage		

Bemerkungen 1

Bemerkungen 2

Personelle Beschäftigungs-Veränderungsanzeige

an den Betriebsrat gemäß §§ 99 und 102 des Betriebsverfassungsgesetzes

I Angaben zur Person

Name: Vorname: Geburtsdatum:

erlernter Beruf: ausgeübter Beruf:

letzte Firma: Tätigkeit von: bis:

Austrittsgrund:

II Mitbestimmung bei personellen Einzelmaßnahmen (§ 99)

Einstellung *   vorgesehene Tätigkeit   ab   als
☐

Abteilung   Neueinstellung Ersatzeinstellung für
                             ☐   ☐

unbefristet   befristet bis   Probezeit   von   bis
☐   ☐   ☐

Eingruppierung   zum   Lohnempfänger Angestellter   Umschulung   Ausbildung
☐   ☐   ☐   ☐   ☐

Tarif   Gruppe   außertariflich   als leitende(r) Angestellte(r)
                                               ☐   ☐

Umgruppierung   zum   bisherige Tarifgruppe   künftige Tarifgruppe
☐

Begründung

Versetzung   in die Abteilung   zum   als
☐

Begründung

III Mitbestimmung bei Kündigungen (§ 102)

Kündigung   fristgerecht   zum   fristlos   zum
☐   ☐   ☐

Begründung

IV Stellungnahme des Betriebsrates

Keine Bedenken   Bedenken   Widerspruch
☐   ☐   ☐

_______________________________   _______________________________
            Datum   Unterschrift Betriebsrat

* Bewerbungsunterlagen sind als Anlage beigefügt.

Urlaubsblatt 20..

Name:	Meyer	
Vorname:	Veronuka	
Straße:	Donaustraße 12	
PLZ, Wohnort:	28199 Bremen	
geb. am:	1981-12-17	
Personalnummer:	071	
Eintritt:	1998-08-01	
Tätigkeit:	Finanzbuchhalterin	
Abteilung:	Rechnungswesen	

Urlaubsanspruch für das lfd. Jahr	30	Tage
Resturlaub aus dem Vorjahr	0	Tage
Sonderurlaub	0	Tage
Zusatzurlaub für Schwerbehinderung	0	Tage
Zusatzurlaub für Betriebszugehörigkeit	0	Tage
Gesamturlaubsanspruch für 20..	30	Tage
• beanspruchter Urlaub		Tage
• ausbezahlter Urlaub		Tage
Resturlaub		Tage

Monat	1	2	3	4	5	6	7	8	9	10	11	12	13	14	15	16	17	18	19	20	21	22	23	24	25	26	27	28	29	30	31	Url.-tage U	Krank.-tage K	Unfall-tage X	Fehl-tage F	Arb.-tage A
Januar		U										K	K																							
Februar																																				
März																																				
April						U	U	U	U					U	U	U	U																			
Mai																																				
Juni																																				
Juli						U	U	U	U	U			U	U	U	U	U			U	U	U	U	U												
August																																				
September	K	K	K	K	K																															
Oktober																												U	U	U						
November																																				
Dezember																																				

Urlaubsbescheinigung

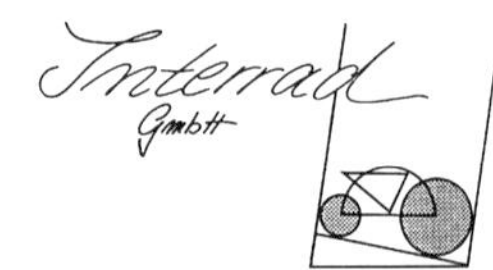

Herrn/Frau:

geboren am:

Anschrift:

Beschäftigungsdauer vom:

bis:

Der Urlaubsanspruch beträgt im Kalenderjahr
gemäß Tarifvertrag/Bundesurlaubsgesetz: Tage

Von dem Urlaubsanspruch sind im Kalenderjahr abgegolten: Tage

Es verbleibt ein Anspruch auf Resturlaub: Tage

Ort, Datum   Unterschrift

Geschäftsführer:
Karl Bertram jun.
Regina Woldt

Registereintragungen:
Amtsgericht Bremen
HRB 4621
USt-IdNr. DE 283 355 325

Kommunikation:
Telefon: 0421 421047-0
Telefax: 0421 421048
E-Mail: info@interrad.de
Internet: www.interrad.de

Konten:
Die Sparkasse Bremen
Konto-Nr. 1122 4488 00 • BLZ 290 501 00
Postbank Hamburg
Konto-Nr. 212115-201 • BLZ 200 100 00

Meldung zur Sozialversicherung

10 Belegart

Beim Ausfüllen mit der Schreibmaschine können Sie fortlaufend schreiben; Sie brauchen die Kästchen dabei nicht zu beachten!

Wichtiger Hinweis bei der erstmaligen Erhebung von Daten:
Die hiermit angeforderten personenbezogenen Daten werden unter Beachtung des Bundesdatenschutzgesetzes erhoben; ihre Kenntnis ist zur Durchführung des Meldeverfahrens nach Maßgabe des Vierten Buches Sozialgesetzbuches sowie der Datenerfassung- und Übermittlungs-Verordnung erforderlich.

* Hinweise siehe Rückseite

Versicherungsnummer

Personalnummer (freiwillige Angabe)

Name, Vorsatzwort, Namenszusatz, Titel (Trennung durch Kommata)

Vorname

Straße und Hausnummer *(Anschrift nur bei Anmeldung und Anschriftenänderung)*

(Land) Postleitzahl Wohnort

Grund der Abgabe

Kontrollmeldung **Sofortmeldung** **Namensänderung** **Änderung der Staatsangehörigkeit**

Beschäftigungszeit

von bis Betriebs-Nr. des Arbeitgebers Personen-gruppe* Betriebsstätte Ost West

Beitragsgruppen* KV RV LVA PV Angaben zur Tätigkeit Schlüssel der Staatsangehörigkeit*

Beitragspflichtiges Bruttoarbeitsentgelt (in Euro ohne Cent)

Stornierung einer bereits abgegebenen Meldung

Es wurde gemeldet: **Grund der Abgabe**

von bis Betriebs-Nr. des Arbeitgebers Personen-gruppe* Betriebsstätte Ost West

Beitragsgruppen* KV RV LVA PV Angaben zur Tätigkeit Schlüssel der Staatsangehörigkeit*

Beitragspflichtiges Bruttoarbeitsentgelt (in Euro ohne Cent)

Namenänderung *(bisheriger Name)*

Name, Vorsatzwort, Namenszusatz, Titel (Trennung durch Kommata)

Vorname

Änderung der Staatsangehörigkeit

Schlüssel der **neuen** Staatsangeörigkeit*

Wenn keine Versicherungsnummer angegeben werden kann:

Geburtsname Geburtsort

Geburtsdatum **Geschlecht** männlich weiblich Schlüssel der Staatsangehörigkeit*

Nur bei erstmaliger Aufnahme einer Beschäftigung von nichtdeutschen Bürgern des Europäischen Wirtschaftsraumes:

Geburtsland (Schlüssel der Staatsangehörigkeit)* Versicherungsnummer des Staatsangehörigkeitslandes

Name der Krankenkasse (Geschäftsstelle)
AOK BKK IKK EK LKK See-KK BKN

Datum, Name, Anschrift de Arbeitgebers
Firmenstempel

Bei Krankenkasse einreichen

Ausgleichsquittung

____

Name, Vorname   Geburtsdatum

____

Eintritt   Austritt

Ich bestätige den Erhalt:

☐   Lohnsteuerkarte

☐   Ersatz-Versicherungsnachweis

☐   Arbeitsbescheinigung gem. § 133 AFG

☐   Urlaubsbescheinigung

☐   Zeugnis

☐   Restlohn/-gehalt in Höhe von Euro   _______________________

☐   ____

Die mir von der Interrad GmbH zur Verfügung gestellten Arbeitsunterlagen habe ich vollständig zurückgegeben.

Ich bestätige, dass sämtliche Ansprüche aus dem Arbeitsverhältnis und seiner Beendigung abgegolten sind.

_______________________________   _______________________________

Ort, Datum   Unterschrift des Arbeitnehmers

Geschäftsführer/-in: **Registereintragungen:**   **Kommunikation:**   **Bankverbindungen:**
Karl Bertram jun.   Amtsgericht Bremen   Telefon: 0421 421047-0   Die Sparkasse Bremen
Regina Woldt   HRB 4621   Fax: 0421 421048   Konto-Nr. 1 122 448 800, BLZ 290 501 00
                             USt-IdNr. DE 283 355 325   E-Mail: info@interrad.de   Postbank Hamburg
                                                           Internet: www.interrad.de   Konto-Nr. 212 115-201, BLZ 200 100 00

<table>
<tr><td>Personalnummer:
071</td><td colspan="2" align="center"># Beurteilung
v e r t r a u l i c h</td><td></td></tr>
</table>

Name:	Meyer	Personalnummer:	071
Vorname:	Veronika	Eintritt:	1998-08-01
Straße:	Donaustraße 12	Abteilung:	Rechnungswesen
PLZ, Wohnort:	28199 Bremen	Stelle:	Finanzbuchhaltung
geboren am:	1981-12-17	Seit wann in der Position tätig:	1998-08-01
Familienstand/Kinder:	ledig/keine	Gehalt/Lohn:	Gehalt
Ausbildung:	Industriekauffrau	Gehalts-/Lohngruppe:	V
Schulbildung:	Realschule	Berufsjahre:	6

Beurteilungszeitraum: 20..-01-01 bis 20..-11-30   Grund: Eigene Kündigung

Beurteilungskriterien:

1. Fachkönnen

selbstständig, vollkommene Beherrschung	
sicher, überdurchschnittlich	X
durchschnittlich	
lückenhaft, nicht ganz befriedigend	
unzureichend	

4. Einsatzbereitschaft, Interesse

sehr arbeitsam, initiativ	
strebsam, fleißig	X
bereitwillig	
braucht Ansporn	
träge, unzugänglich	

2. Sachliche Urteilsfähigkeit

urteilt sicher und wohl begründet	
gute Urteilsfähigkeit	X
bedächtig	
nicht immer sicher, mitunter vorschnell	
unkritisch, unsachlich, kein eigenes Urteil	

5. Arbeitsablauf, Arbeitstempo

schnell	X
zügig	
gleichmäßig	
langsam	
sehr langsam	

3. Auffassungsgabe

erkennt sofort das Wesentliche, sehr schnell	
gut, denkt praktisch und zweckmäßig	X
durchschnittlich	
noch ausreichend, bedarf wiederholter Anleitung	
begriffsstutzig, schwerfällig	

6. Zuverlässigkeit

gewissenhaft, sehr sorgfältig	
genau und zuverlässig	X
im Allgemeinen ordentlich	
leichtsinnig, etwas oberflächlich	
unzuverlässig, nachlässig	

7. Wesensart

freundlich		unfreundlich	
gelassen, ruhig	X	nervös	
aufgeschlossen		zurückhaltend	
überzeugend		unsicher	
kommunikativ		schweigsam	X
rhetorisch gewandt		rhetorisch unbeholfen	
motiviert	X	unmotiviert	
teamfähig	X	isoliert	
kreativ		phlegmatisch	

   3223 Abraham/Nemeth/Schalk, Interrad GmbH – Lernfeld Personalwirtschaft

<table>
<tr><td colspan="6">8. Verhalten gegenüber</td></tr>
<tr><td colspan="2">gleichgestellten Mitarbeitern/
Mitarbeiterinnen</td><td colspan="2">Vorgesetzten/
Vorgesetztinnen</td><td colspan="2">unterstellten Mitarbeitern/
Mitarbeiterinnen</td></tr>
<tr><td>äußerst hilfsbereit</td><td>X</td><td>selbstbewusst, sachlich, offen</td><td></td><td>Führungsbegabung</td><td></td></tr>
<tr><td>kollegial</td><td></td><td>entgegenkommend, positiv</td><td>X</td><td>überzeugend</td><td>X</td></tr>
<tr><td>uninteressiert, zurückhaltend</td><td></td><td>zurückhaltend, sachlich</td><td></td><td>ausgleichend, aufgeschlossen</td><td></td></tr>
<tr><td>unkollegial</td><td></td><td>überheblich, Besserwisser</td><td></td><td>unsicher, zu nachgiebig</td><td></td></tr>
<tr><td>streitsüchtig, mobbend</td><td></td><td>anmaßend, aufsässig</td><td></td><td>schikanös</td><td></td></tr>
</table>

**9. Zusammenfassende Beurteilung über die bisherige Entwicklung und künftige Entwicklungs-
möglichkeit des Mitarbeiters/der Mitarbeiterin**

Sie hat die ihr übertragenen Arbeiten stets zu unserer vollen Zufriedenheit erfüllt.

Gesamtbeurteilung

überragend, ausgezeichnet	☐
überdurchschnittlich	**X**
zufriedenstellend	☐
ausreichend	☐
wenig geeignet	☐
nicht geeignet	☐

Noch keine abschließende Beurteilung möglich

Beurteilung durch:

Personalleitung	**X**	20..-11-28 _Handke_	
		Datum/Unterschrift	
Abteilungsleitung	☐		
		Datum/Unterschrift	
Betriebsrat:	☐		
		Datum/Unterschrift	

   3223 Abraham/Nemeth/Schalk, Interrad GmbH – Lernfeld Personalwirtschaft

Interrad GmbH
Walliser Straße 125
28325 Bremen

Zeugnis

Geschäftsführer/-in:
Karl Bertram jun.
Regina Woldt

Registereintragungen:
Amtsgericht Bremen
HRB 4621
USt-IdNr. DE 283 355 325

Kommunikation:
Telefon: 0421 421047-0
Telefax: 0421 421048
E-Mail: info@interrad.de
Internet: www.interrad.de

Konten:
Die Sparkasse Bremen
Konto-Nr. 1122 4488 00 • BLZ 290 501 00
Postbank Hamburg
Konto-Nr. 212115-201 • BLZ 200 100 00

3223 Abraham/Nemeth/Schalk, Interrad GmbH – Lernfeld Personalwirtschaft

Situation

Herr Ellmers ist bei der Interrad GmbH in der Fahrradmontage als Zweiradmechaniker beschäftigt. Ihm wurde fristlos gekündigt. Das Kündigungsschreiben liegt bereits vor. Ferner sind die für die Entlassung erforderlichen Arbeitspapiere bis auf das Arbeitszeugnis erstellt worden.

Arbeitsauftrag

1. Das Arbeitsverhältnis zwischen der Interrad GmbH und Herrn Ellmers ist durch eine fristlose Kündigung beendet worden.

   a) Prüfen Sie mithilfe des § 626 BGB, ob die Kündigung vom 20..-12-05 gerechtfertigt ist.

   b) Warum wird der Betriebsrat bei der Kündigung eingeschaltet?

2. Herr Rüdiger Ellmers (geb. am 1972-02-14) hat den Wunsch nach einem einfachen Zeugnis geäußert. Er wohnt in 28325 Bremen, Züricher Straße 98 und war bei der Interrad GmbH von 1997-04-01 beschäftigt.

   a) Stellen Sie das entsprechende Zeugnis aus.

   b) Begründen Sie, warum Herr Ellmers ein einfaches Zeugnis verlangt.

3. Im Laufe der letzten Jahre hat es bei der Interrad GmbH im Rahmen von Kündigungen hin und wieder strittige Entscheidungen gegeben. Beurteilen Sie die folgenden Fälle mithilfe der Auszüge aus den Gesetzestexten im Anhang.

   a) Herr Schuster war im Einkauf beschäftigt. Während seiner Dienstreisen wurde er häufig von Geschäftsfreunden zum Essen eingeladen. Darüber hinaus erhielt er Anfang des Jahres eine kostenlose Flugreise nach Florida von einem Lieferanten. Nach seiner Rückkehr wurde ihm fristlos gekündigt (Bürgerliches Gesetzbuch).

   b) Frau Hansen ist im März viermal verspätet zur Arbeit erschienen. Sie hatte bereits vorher eine Abmahnung wegen unentschuldigter Fehlzeiten erhalten. Ihr wurde zum 30. April fristgemäß gekündigt (Kündigungsschutzgesetz).

   c) Ein Zweiradmechaniker hatte im letzten Jahr 135 Tage wegen seiner Rückenprobleme gefehlt. In diesem Jahr sind es 144 Tage gewesen. Nach einem ärztlichen Attest ist mit einer Besserung nicht zu rechnen. Ihm wurde zum 30. September fristgemäß gekündigt (Kündigungsschutzgesetz).

   d) Im letzten Jahr wurde Herrn Thiemann vier Wochen nach einer Betriebsstörung in der Rahmenfertigung fristlos gekündigt, weil er die Unterbrechung aufgrund von Alkoholgenuss herbeigeführt hatte (Bürgerliches Gesetzbuch).

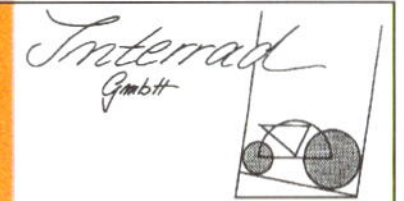

3. e) Vor einem Jahr wurde die Produktion von Schutzblechen bei der Interrad GmbH aufgegeben, weil Schutzbleche auf dem Markt durch Fremdbezug erheblich preisgünstiger waren. Der verheiratete Mitarbeiter mit zwei schulpflichtigen Kindern ist in der Rahmenproduktion weiter beschäftigt worden, dagegen wurde den zwei ledigen Mitarbeitern fristgemäß gekündigt (Kündigungsschutzgesetz).

f) Ein Sachbearbeiter (5 Jahre bei Interrad) aus dem Materiallager war nach einem Betriebsfest in eine Polizeikontrolle geraten. Es wurden 1,4 Promille festgestellt. Der Führerschein wurde ihm für ein Jahr eingezogen. Die Interrad GmbH kündigte ihm wegen geschäftsschädigenden Verhaltens in der Öffentlichkeit zum nächsten Kündigungstermin (Kündigungsschutzgesetz).

g) In seinem dreiwöchigen Urlaub hatte Herr Buchholz als ehemaliger Maurer bei der Hansebau GmbH 10 Stunden täglich gearbeitet. Nach seiner Rückkehr aus dem Urlaub legte er eine ärztliche Bescheinigung vor, weil er sich am letzten Tag seiner Arbeit auf der Baustelle den rechten Arm gebrochen hatte. Herr Buchholz erhielt die fristlose Kündigung (Bundesurlaubsgesetz und Bürgerliches Gesetzbuch).

h) Ein Mitglied des Betriebsrates hatte Anfang des Jahres wiederholt in scharfer Form gefordert, dass die Interrad GmbH statt Überstunden anzusetzen Neueinstellungen vornehmen sollte. Als auf der Betriebsversammlung diese Forderung erneut erhoben wurde, erhielt der Betriebsrat eine fristgemäße Kündigung (Kündigungsschutzgesetz).

i) Frau Junker aus der Hauptabteilung Absatz hatte auf der IFMA in Köln einigen Fahrradhändlern erzählt, dass die Interrad GmbH im Rahmen ihrer Kalkulation der Verkaufspreise einen Gewinn von 10 % berücksichtigt. Sie erhielt die fristlose Kündigung (Bürgerliches Gesetzbuch).

j) Herr Bremer aus dem Auslieferungslager hatte am letzten Wochenende im Januar seine kranke Mutter in Stuttgart besucht, die dort alleine lebt. Wegen der Verschlechterung ihres Krankheitszustandes ist er noch bis Mittwoch geblieben, ohne sich in der Personalabteilung zu melden. Ihm wurde fristgemäß zum 15. März gekündigt. Vier Wochen nach seiner Kündigung hatte er Klage beim Arbeitsgericht erhoben (Kündigungsschutzgesetz).

Anlagen/Arbeitsunterlagen

Kündigungsschreiben an Herrn Ellmers
Briefvordruck Zeugnis
Bürgerliches Gesetzbuch § 626 – siehe Anhang
Auszüge aus dem Kündigungsschutzgesetz – siehe Anhang
Auszüge aus dem Bundesurlaubsgesetz – siehe Anhang

Herrn
Rüdiger Ellmers
Züricher Straße 98
28325 Bremen

Ihr Zeichen, Ihre Nachricht	Unser Zeichen, unsere Nachricht vom	Telefon, Name 0421 421047- 33 Herr Handke	Datum 20..-12-05

Fristlose Kündigung des Arbeitsvertrages

Sehr geehrter Herr Ellmers,

Ihr bestehendes Arbeitsverhältnis wird mit sofortiger Wirkung fristlos gekündigt.

Sie sind am 20..-12-05 des Diebstahls von 30 Gangschaltungen aus unserem Materiallager überführt worden. Die Tat wurde von Ihnen gegenüber dem Abteilungsleiter, Herrn Martens, gestanden.

Der Diebstahl ist ein derart großer Vertrauensbruch, der uns eine Fortsetzung des Arbeitsverhältnisses unmöglich macht. Wir haben auch Strafanzeige erstattet, um eventuell privatrechtliche Ansprüche gegen Sie wegen bisher nicht entdeckter Diebstähle erheben zu können.

Des Weiteren hatten Sie seit Ihrer Einstellung im April des letzten Jahres zwei Abmahnungen wegen unentschuldigter Fehlzeiten erhalten.

Der Betriebsrat ist vor Ausspruch der Kündigung gemäß § 102 BetrVG angehört worden und hat der fristlosen Kündigung zugestimmt.

Mit freundlichen Grüßen

i. V. *Handke*

Handke

Interrad GmbH
Walliser Straße 125
28325 Bremen

Zeugnis

Herrn/Frau: ____

geboren am: ____

Anschrift: ____

Beschäftigungsdauer vom: _______________________________

bis: _______________________________

Tätigkeit als: ____

_________________________________   _________________________________
          Ort, Datum   Unterschrift

Geschäftsführer/-in:
Karl Bertram jun.
Regina Woldt

Registereintragungen:
Amtsgericht Bremen
HRB 4621
USt-IdNr. DE 283 355 325

Kommunikation:
Telefon: 0421 421047-0
Telefax: 0421 421048
E-Mail: info@interrad.de
Internet: www.interrad.de

Konten:
Die Sparkasse Bremen
Konto-Nr. 1122 4488 00 • BLZ 290 501 00
Postbank Hamburg
Konto-Nr. 212115-201 • BLZ 200 100 00

Anhang

- **Auszüge aus dem Jugendarbeitsschutzgesetz (JArbSchG)**

- **Auszüge aus dem Betriebsverfassungsgesetz (BetrVG)**

- **Auszüge aus dem Kündigungsfristengesetz (KündFG)**

- **Auszüge aus dem Bundesdatenschutzgesetz (BDSG)**

- **Auszüge aus dem Bürgerlichen Gesetzbuch (BGB)**

- **Auszüge aus dem Kündigungsschutzgesetz (KSchG)**

- **Auszüge aus dem Bundesurlaubsgesetz (BUrlG)**

Auszüge aus dem Jugendarbeitsschutzgesetz (JArbSchG)

[Zu Arbeitsbogen 7: Der Ausbildungsvertrag]

§ 8   Dauer der Arbeitszeit

(1)   Jugendliche dürfen nicht mehr als acht Stunden täglich und nicht mehr als 40 Stunden wöchentlich beschäftigt werden.

(2)   Wenn in Verbindung mit Feiertagen an Werktagen nicht gearbeitet wird, ... so darf die ausfallende Arbeitszeit ... verteilt werden, dass die Wochenarbeitszeit ... im Durchschnitt 40 Stunden nicht überschreitet. Die tägliche Arbeitszeit darf hierbei achteinhalb Stunden nicht überschreiten.

§ 19 Urlaub

(1)   Der Arbeitgeber hat den Jugendlichen für jedes Kalenderjahr einen bezahlten Erholungsurlaub zu gewähren.

(2)   Der Urlaub beträgt jährlich

1. mindestens 30 Werktage, wenn der Jugendliche zu Beginn des Kalenderjahres noch nicht 16 Jahre alt ist,

2. mindestens 27 Werktage, wenn der Jugendliche zu Beginn des Kalenderjahres noch nicht 17 Jahre alt ist,

3. mindestens 25 Werktage, wenn der Jugendliche zu Beginn des Kalenderjahres noch nicht 18 Jahre alt ist.

Auszüge aus dem Betriebsverfassungsgesetz (BetrVG)

[Zu Arbeitsbogen 11: Personalakte anlegen]

§ 83 Einsicht in die Personalakten

(1) Der Arbeitnehmer hat das Recht, in die über ihn geführten Personalakten Einsicht zu nehmen. Er kann hierzu ein Mitglied des Betriebsrats hinzuziehen. Das Mitglied des Betriebsrats hat über den Inhalt der Personalakte Stillschweigen zu bewahren, soweit es vom Arbeitnehmer im Einzelfall nicht von dieser Pflicht entbunden wird.

(2) Erklärungen des Arbeitnehmers zum Inhalt der Personalakte sind dieser auf sein Verlangen beizufügen.

§ 92 Personalplanung

(1) Der Arbeitgeber hat den Betriebsrat über die Personalplanung, insbesondere über den gegenwärtigen und künftigen Personalbedarf sowie über die daraus ergebenden personellen Maßnahmen und Maßnahmen der Berufsbildung anhand von Unterlagen rechtzeitig und umfassend zu unterrichten. Er hat mit dem Betriebsrat über Art und Umfang der erforderlichen Maßnahmen und über die Vermeidung von Härten zu beraten.

(2) Der Betriebsrat kann dem Arbeitgeber Vorschläge für die Einführung einer Personalplanung und ihre Durchführung machen.

§ 93 Ausschreibung von Arbeitsplätzen

(1) Der Betriebsrat kann verlangen, dass Arbeitsplätze, die besetzt werden sollen, allgemein oder für Arten von Tätigkeiten vor ihrer Besetzung innerhalb des Betriebs ausgeschrieben werden ...

§ 102 Mitbestimmung bei Kündigungen

(1) Der Betriebsrat ist vor jeder Kündigung zu hören. Der Arbeitgeber hat ihm die Gründe für die Kündigung mitzuteilen. Eine ohne Anhörung des Betriebsrats ausgesprochene Kündigung ist unwirksam.

(2) Hat der Betriebsrat gegen eine ordentliche Kündigung Bedenken, so hat er diese unter Angabe der Gründe dem Arbeitgeber spätestens innerhalb einer Woche schriftlich mitzuteilen. Äußert er sich innerhalb dieser Frist nicht, gilt seine Zustimmung zur Kündigung als erteilt.

Auszüge aus dem Kündigungsfristengesetz (KündFG)

[Zu Arbeitsbogen 10: Arbeitsvertrag abschließen]

Artikel 1

(1) Das Arbeitsverhältnis eines Arbeiters oder eines Angestellten (Arbeitnehmers) kann mit einer Frist von vier Wochen zum Fünfzehnten oder zum Ende eines Kalendermonats gekündigt werden.

(2) Für eine Kündigung durch den Arbeitgeber beträgt die Kündigungsfrist, wenn das Arbeitsverhältnis in dem Betrieb oder Unternehmen

1. zwei Jahre bestanden hat, einen Monat zum Ende eines Kalendermonats,

2. fünf Jahre bestanden hat, zwei Monate zum Ende eines Kalendermonats,

3. acht Jahre bestanden hat, drei Monate zum Ende eines Kalendermonats,

4. zehn Jahre bestanden hat, vier Monate zum Ende eines Kalendermonats,

5. zwölf Jahre bestanden hat, fünf Monate zum Ende eines Kalendermonats,

6. fünfzehn Jahre bestanden hat, sechs Monate zum Ende eines Kalendermonats,

7. zwanzig Jahre bestanden hat, sieben Monate zum Ende eines Kalendermonats.

Bei der Berechnung der Beschäftigungsdauer werden Zeiten, die vor der Vollendung des fünfundzwanzigsten Lebensjahres des Arbeitnehmers liegen, nicht berücksichtigt.

(3) Während einer vereinbarten Probezeit, längstens für die Dauer von sechs Monaten, kann das Arbeitsverhältnis mit einer Frist von zwei Wochen gekündigt werden.

(4) ...

---

(5) Einzelvertraglich kann eine kürzere als die in Absatz 1 genannte Kündigungsfrist nur vereinbart werden,

> 1. wenn ein Arbeitnehmer zur vorübergehenden Aushilfe eingestellt ist; dies gilt nicht, wenn das Arbeitsverhältnis über die Zeit von drei Monaten hinaus fortgesetzt wird.
> 2. ...

(6) Für die Kündigung des Arbeitsverhältnisses durch den Arbeitnehmer darf keine längere Frist vereinbart werden als für die Kündigung durch den Arbeitgeber.

Auszüge aus dem Bundesdatenschutzgesetz (BDSG)

[Zu Arbeitsbogen 11: Personalakte anlegen]

§ 1   Zweck und Anwendungsbereich des Gesetzes

(1) Zweck dieses Gesetzes ist es, den Einzelnen davor zu schützen, dass er durch den Umgang mit seinen personenbezogenen Daten in seinem Persönlichkeitsecht beeinträchtigt wird.

(2) ...

§ 4   Zuverlässigkeit der Datenerhebung, -verarbeitung und -nutzung

(1) Die Erhebung, Verarbeitung und Nutzung personenbezogener Daten sind nur zulässig, soweit dieses Gesetz oder eine andere Rechtsvorschrift dies erlaubt oder anordnet oder der Betroffene eingewilligt hat.

(2) Personenbezogene Daten sind beim Betroffenen zu erheben. Ohne seine Mitwirkung dürfen sie nur erhoben werden, wenn

> 1. eine Rechtsvorschrift dies vorsieht oder zwingend voraussetzt oder
>
> 2. a) die zu erfüllende Verwaltungsaufgabe ihrer Art nach oder der Geschäftszweck eine Erhebung bei anderen Personen oder Stellen erforderlich macht oder
>
>   b) die Erhebung beim Betroffenen einen unverhältnismäßigen Aufwand erfordern würde und keine Anhaltspunkte dafür bestehen, dass überwiegende schutzwürdige Interessen des Betroffenen beeinträchtigt werden.

(3) ...

§ 4a Einwilligung

(1)   Die Einwilligung ist nur wirksam, wenn sie auf der freien Entscheidung des Betroffenen beruht. Er ist auf den vorgesehenen Zweck der Erhebung, Verarbeitung oder Nutzung sowie, soweit nach den Umständen des Einzelfalles erforderlich oder auf Verlangen, auf die Folgen der Verweigerung der Einwilligung hinzuweisen. Die Einwilligung bedarf der Schriftform, ...

§ 4f Beauftragter für den Datenschutz

(1) Öffentliche und nichtöffentliche Stellen, die personenbezogene Daten automatisiert erheben, verarbeiten oder nutzen, haben einen Beauftragten für den Datenschutz schriftlich zu bestellen. Nichtöffentliche Stellen sind hierzu spätestens innerhalb eines Monats nach Aufnahme ihrer Tätigkeit verpflichtet. Das gleich gilt, wenn personenbezogene Daten auf andere Weise erhoben, verarbeitet oder genutzt werden und damit in der Regel mindestens 20 Personen beschäftigt sind.

(2) Zum Beauftragten für den Datenschutz darf nur bestellt werden, wer die zur Erfüllung seiner Aufgaben erforderliche Fachkunde und Zuverlässigkeit besitzt. ...

§ 5   Datengeheimnis

Den bei der Datenverarbeitung beschäftigten Personen ist untersagt, personenbezogene Daten unbefugt zu erheben, zu verarbeiten oder zu nutzen (Datengeheimnis). Diese Personen sind, soweit sie bei nichtöffentlichen Stellen beschäftigt werden, bei der Aufnahme ihrer Tätigkeit auf das Datengeheimnis zu verpflichten. Das Datengeheimnis besteht auch nach Beendigung ihrer Tätigkeit fort.

§ 6   Unabdingbare Rechte des Betroffenen

(1) Die Rechte des Betroffenen auf Auskunft (§§ 19, 24) und auf Berichtigung, Löschung oder Sperrung (§§ 20, 35) können nicht durch Rechtsgeschäft ausgeschlossen oder beschränkt werden.

---

(2) Sind die Daten des Betroffenen automatisiert in einer Datei gespeichert, dass mehrere Stellen speicherungsberechtigt sind, und ist der Betroffene nicht in der Lage festzustellen, welche Stelle die Daten gespeichert hat, so kann er sich an jede dieser Stelle wenden. Diese ist verpflichtet, das Vorbringen des Betroffenen an die Stelle, die die Daten gespeichert hat, weiterzuleiten. Der Betroffene ist über die Weiterleitung und jene Stelle zu unterrichten ...

§ 28 Datenerhebung, -verarbeitung und -nutzung für eigene Zwecke

(1) Das Erheben, Speichern, Verändern oder Übermitteln personenbezogener Daten oder ihre Nutzung als Mittel für die Erfüllung eigener Geschäftszwecke ist zulässig,

1. wenn es der Zweckbestimmung eines Vertragsverhältnisses oder vertragsähnlichen Vertrauensverhältnisses mit dem Betroffenen dient,

2. soweit es zur Wahrung berechtigter Interessen der verantwortlichen Stelle erforderlich ist und kein Grund zu der Annahme besteht, dass das schutzwürdige Interesse des Betroffenen an dem Ausschluss der Verarbeitung oder Nutzung überwiegt oder

3. wenn die Daten allgemein zugänglich sind oder die verantwortliche Stelle sie veröffentlicht dürfte, es sei denn, dass das schutzwürdige Interesse des Betroffenen an dem Ausschluss de Verarbeitung oder Nutzung gegenüber dem berechtigten Interesse der verantwortlichen Stelle offensichtlich überwiegt.

Bei der Erhebung personenbezogener Daten sind die Zwecke, für die die Daten verarbeitet oder genutzt werden sollen, konkret festzulegen.

Auszüge aus dem Bürgerlichen Gesetzbuch (BGB)

[Zu Arbeitsbogen 18: Fristlose Kündigung]

§ 626 Fristlose Kündigung

(1) Das Dienstverhältnis kann von jedem Vertragsteil aus wichtigem Grund ohne Einhaltung einer Kündigungsfrist gekündigt werden, wenn Tatsachen vorliegen, aufgrund derer die Kündigung unter Berücksichtigung aller Umstände des Einzelfalles und unter Abwägung der Interessen beider Vertragsteile die Fortsetzung des Dienstverhältnisses bis Ablauf der Kündigungsfrist oder bis zu der vereinbarten Beendigung des Dienstverhältnisses nicht zugemutet werden kann.

(2) Die Kündigung kann nur innerhalb von zwei Wochen erfolgen. Die Frist beginnt mit dem Zeitpunkt, in dem der Kündigungsberechtigte von den für die Kündigung maßgebenden Tatsachen Kenntnis erlangt. Der Kündigende muss dem anderen Teil auf Verlangen den Kündigungsgrund unverzüglich schriftlich mitteilen.

Auszüge aus dem Kündigungsschutzgesetz (KSchG)

[Zu Arbeitsbogen 18: Fristlose Kündigung]

§ 1   Sozial ungerechtfertigte Kündigungen

(1) Die Kündigung des Arbeitsverhältnisses gegenüber einem Arbeitnehmer, dessen Arbeitsverhältnis in demselben Betrieb oder Unternehmen ohne Unterbrechung länger als sechs Monate bestanden hat, ist rechtsunwirksam, wenn sie sozial ungerechtfertigt ist.

(2) Sozial ungerechtfertigt ist die Kündigung, wenn sie nicht durch Gründe, die in der Person oder in dem Verhalten des Arbeitnehmers liegen, oder durch dringende betriebliche Erfordernisse, die einer Weiterbeschäftigung des Arbeitnehmers in diesem Betriebe entgegenstehen, bedingt ist.

(3) Ist einem Arbeitnehmer aus dringenden betrieblichen Erfordernissen im Sinne des Absatzes 2 gekündigt worden, so ist die Kündigung trotzdem sozial ungerechtfertigt, wenn der Arbeitgeber bei der Auswahl des Arbeitnehmers soziale Gesichtspunkte nicht oder nicht ausreichend berücksichtigt hat; auf Verlangen des Arbeitnehmers hat der Arbeitgeber dem Arbeitnehmer die Gründe anzugeben, die zu der getroffenen sozialen Auswahl geführt haben.

§ 2   Änderungskündigung

Kündigt der Arbeitgeber das Arbeitsverhältnis und bietet er dem Arbeitnehmer im Zusammenhang mit der Kündigung die Fortsetzung des Arbeitsverhältnisses zu geänderten Arbeitsbedingungen an, so kann der Arbeitnehmer dieses Angebot unter dem Vorbehalt annehmen, dass die Änderung der Arbeitsbedingungen nicht sozial ungerechtfertigt ist ...

§ 3   Kündigungseinspruch

Hält der Arbeitnehmer eine Kündigung für sozial ungerechtfertigt, so kann er binnen einer Woche nach der Kündigung Einspruch beim Betriebsrat einlegen.

---

§ 4   Anrufung des Arbeitsgerichtes

Will ein Arbeitnehmer geltend machen, dass eine Kündigung sozial ungerechtfertigt ist, so muss er innerhalb von drei Wochen nach Zugang der Kündigung Klage beim Arbeitsgericht auf Feststellung erheben, dass das Arbeitsverhältnis durch die Kündigung nicht aufgelöst ist ...

§ 9   Auflösung des Arbeitsverhältnisses durch Urteil des Gerichts; Abfindung des Arbeitnehmers

(1)   Stellt das Gericht fest, dass das Arbeitsverhältnis durch die Kündigung nicht aufgelöst ist, ist jedoch dem Arbeitnehmer die Fortsetzung des Arbeitsverhältnisses nicht zuzumuten, so hat das Gericht auf Antrag des Arbeitnehmers das Arbeitsverhältnis aufzulösen und den Arbeitgeber zur Zahlung einer angemessenen Abfindung zu verurteilen.

§ 15   Unzulässigkeit der Kündigung

(1)   Die Kündigung eines Mitglieds eines Betriebsrats, einer Jugend- und Auszubildendenvertretung ... ist unzulässig, es sei denn, dass Tatsachen vorliegen, die den Arbeitgeber zur Kündigung aus wichtigem Grund ohne Einhaltung einer Kündigungsfrist berechtigen ... Nach Beendigung der Amtszeit ist die Kündigung eines Mitglieds eines Betriebsrats, einer Jugend- und Auszubildendenvertretung ... innerhalb eines Jahres ... jeweils vom Zeitpunkt der Beendigung der Amtszeit an gerechnet, unzulässig ...

Auszüge aus dem Bundesurlaubsgesetz (BUrlG)

[Zu Arbeitsbogen 18: Fristlose Kündigung]

§ 1   Urlaubsanspruch

Jeder Arbeitnehmer hat in jedem Kalenderjahr Anspruch auf bezahlten Erholungsurlaub.

§ 2   Geltungsbereich

Arbeitnehmer im Sinne des Gesetzes sind Arbeiter und Angestellte sowie die zu ihrer Berufsausbildung Beschäftigten. Als Arbeitnehmer gelten auch Personen, die wegen ihrer wirtschaftlichen Unselbstständigkeit als arbeitnehmerähnliche Personen anzusehen sind ...

§ 3   Dauer des Urlaubs

(1)   Der Urlaub beträgt jährlich mindestens 24 Werktage.

(2)   Als Werktage gelten alle Kalendertage, die nicht Sonn- oder gesetzliche Feiertage sind.

§ 4   Wartezeit

Der volle Urlaubsanspruch wird erstmalig nach sechsmonatigem Bestehen des Arbeitsverhältnisses erworben.

§ 6   Ausschluss von Doppelansprüchen

(1)   Der Anspruch auf Urlaub besteht nicht, soweit dem Arbeitnehmer für das laufende Kalenderjahr bereits von seinem früheren Arbeitgeber Urlaub gewährt worden ist.

(2)   Der Arbeitgeber ist verpflichtet, bei Beendigung des Arbeitsverhältnisses dem Arbeitnehmer eine Bescheinigung über den im laufenden Kalenderjahr gewährten oder abgegoltenen Urlaub auszuhändigen.

§ 8   Erwerbstätigkeit während des Urlaubs

Während des Urlaubs darf der Arbeitnehmer keine dem Urlaubszweck widersprechende Erwerbstätigkeit leisten.

§ 9   Erkrankung während des Urlaubs

Erkrankt ein Arbeitnehmer während des Urlaubs, so werden die durch ärztliches Zeugnis nachgewiesenen Tage der Arbeitsunfähigkeit auf den Jahresurlaub nicht angerechnet.

§ 11   Urlaubsentgelt

Das Urlaubsentgelt bemisst sich nach dem durchschnittlichen Arbeitsverdienst, das der Arbeitnehmer in den letzten dreizehn Wochen vor Beginn des Urlaubs erhalten hat ...
